わかりやすい！
乙種第4類
危険物取扱者
試験

工藤政孝 編著

赤シート入り　この1冊で合格できる

弘文社

ま　え　が　き

　資格試験に合格するコツは，過去のデータより，頻繁に出題されている項目を中心にして学習を進めていく，というのが鉄則であるのは言うまでもありません。

　逆に言うと，あまり出題されていない項目は後回しにするか，または思い切って学習項目から外してしまうのがより効率的な合格への近道である，と言えるのではないかと思います。

　したがって，本書では数多くのデータから，本試験で頻繁に出題されているであろうと予想される項目を中心に解説をし，またそれに比例して問題数も配置してあります。

　一方，学習内容についてもできるだけわかりやすく，しかも簡潔に（レイアウトも含め）説明するように努めました。さらに，暗記する事項については，[こうして覚えよう] と題して，それらをゴロ合わせにしたものをふんだんに取り入れてあります。これが本書の大きな特徴であり，こうすることによって事務的な内容であった暗記事項がイメージ化され，短期的な記憶であったものがより長期にわたって頭に残る長期的記憶へと変わってゆくのです。

　そして，本書にはさらにこのゴロ合わせのイメージを強固にするために，可能な限りそのイメージをイラストにしたものを描いてあります。これは，イメージを目に見える形にすることによってその記憶力をさらにパワーアップするためです。したがって，「私は暗記が苦手で……」と受験をためらっていたような人でも，この「イラスト付きゴロ合わせ」を用いることで楽々と合格通知を手にすることも可能なのです。

　このような主な特徴のほか，本書は次の「本書の使い方」にも説明してあるような内容のものも含めて，受験生ができるだけ合格通知を手にすることができるように，という思いを込めて編集をいたしました。

　本書を手にされた皆さんが，1人でも多く合格通知を手にすることができるように祈ってやみません。

本書の使い方

① 特急，および急行マークについて

　本文および問題には，ほぼ重要度に比例するように特急 ★，および急行マーク ★ を付けてあります（マークのない問題は各駅停車，つまり「普通」の問題です）。

　したがって，もうほとんど時間がなくて基礎的な項目，または問題だけを取りあえずはやろう，という方は**特急マークのみ**を（ただし，合格圏内に入るのは少し苦しい……かもしれません）。

　それよりは少し時間に余裕のある方は，特急，および**急行マークのみ**を（個人差はありますが，合格圏内ギリギリ……？）。

　時間はかかってもじっくりと，より完璧を目指したいという方はすべての問題を解く……，というように受験者の状況に合わせて学習のプログラムを組むことができるように構成してあります。

　（注：急行マークの問題でも特急マークと同じくらい重要な問題がありますが，他の特急マークの繰り返しのような問題や，模擬テストの中の問題と重なる場合は効率を考えて急行マークとしてあります。）

② 余白部分について

　各ページには，約10行の余白が原則として設けてあり，本文の内容を補足したり，あるいは，本文が少々複雑な場合はその内容を**簡潔にまとめたもの**を箇条書きに並べてあります。したがって，内容を整理したい時には，有効な"ヘルパー"となって，あなたの力強い味方になってくれるものと思います。

　また，問題の方にも余白が設けてありますが，こちらの方はヒントになるものを並べてありますので，同じ問題に再挑戦（または再々挑戦？）する際は，実力を付けるために，できるだけその部分を見ないで（→しおりなどで隠す）解かれることをお勧めします。

③ （参）について

　本文中，（参）という表示があれば，それは「参考程度に目を通す部分」という意味で，必ずしも全てを暗記する必要はありませんが，目を通してほしい場合に記してあります。

④ 表の番号について

　表を個別に指定しやすいように，項目の番号，または項目の番号に枝番号を付けてあります。たとえば，「9・給油取扱所」の表なら「表9－1」や「表

「9-2」など。

⑤ ●マークについて

重要箇所を特に示す必要がある場合は色のマークを付してあります。

⑥ 👉出た！ マークについて

特に，過去に出題例があるのを強調したい箇所に使用しています。

⑦ 項目の後にある問題ページについて

最も理想的な学習方法は，知識を頭に入れたらすぐにそれに対応する問題を何問か解いてみることです。そうすることによって，「頭だけの知識」が「体に身に付いたより実践的な知識」に変わり，より理解力が深まるのです。

項目のタイトルの右にある問題ページについての表記（たとえば「3．静電気（P34問題22～25）」など。ただし，スペースの関係でページ数のみの場合があります）はそのために記してあります。したがって各項目ごと，またはある程度の項目ごとにそれらに対応する問題が載っているページを開き，問題を解くことをおすすめします。

⑧ 別冊解答について

解答部分をすべてコピーして別冊を作ると，解答を見るためにいちいちページをめくる必要がなくなるので便利で，かつ，効率的な学習方法となるので，1問1問解答を確かめたい方には，この「別冊解答」の製作をおすすめいたします。

⑨ ゴロ合わせについて

ゴロ合わせの中に出てくる「つ」は2を，「わ」は0を表します（「つ」→「ツウ」→2，「わ」→「輪」→0）

⑩ 「以上」と「超える」の違いについて

「10以上」の場合，10も含みますが，「10を超える」の場合は10を含みません。

⑪ 「以下」と「未満」の違いについて

「10以下」の場合，10も含みますが，「10未満」の場合は10を含みません。

⑫ 分数の表し方について

たとえば，$\frac{1}{2}$を本書では1/2と表している場合があるので注意して下さい。

なお，本試験では「法令」「物理・化学」「危険物の性質」の順で出題されますが，本書では内容をより把握しやすいように，「物理・化学」「危険物の性質」「法令」の順で構成してあります。

contents

第1編　基礎的な物理学および基礎的な化学

1-1　物理の基礎知識

1-2　化学の基礎知識

1-3 燃焼の基礎知識

1-4　消火の基礎知識

第2編　　危険物の性質並びにその火災予防および消火の方法

2-1　危険物の分類　

2-2　第4類に共通する特性など

2-3　第4類危険物の性質

第3編　　法令

3-6 製造所等の位置・構造・設備等の基準

3-7 貯蔵・取扱いの基準

3-8 運搬と移送の基準

3-9 製造所等に設ける共通の設備等

第4編　　模擬テスト

受 験 案 内

(1). 受験資格
乙種には受験資格はありません。

(2). 受験地
特に制限はありません。（全国どこでも受験できます。）

(3). 受験願書の取得方法
各消防署で入手するか，または（一財）消防試験研究センターの中央試験
センター（〒151－0072　東京都渋谷区幡ヶ谷１－13－20

☎03－3460－7798）か各支部へ請求して下さい。

詳細は（一財）消防試験研究センターのホームページでも調べられます。
http://www.shoubo-shiken.or.jp/

(4). 試験科目と出題数

試験科目	出題数
危険物に関する法令	15問
基礎的な物理学及び基礎的な化学	10問
危険物の性質並びにその火災予防及び消火の方法	10問

(5). 試験方法
5肢択一の筆記試験で，解答番号を黒く塗りつぶすマークシート方式で行
われます。

(6). 試験時間
2時間です。

(7). 合格基準
試験科目ごとに60％以上の成績を修める必要があります。

したがって，「法令」で9問以上，「物理・化学」で6問以上，「危険物の
性質」で6問以上を正解する必要があります。

この場合，例えば法令で10問正解しても，「物理・化学」または「危険物
の性質」が5問以下の正解しかなければ不合格となりますので，3科目とも
まんべんなく学習する必要があります。

（詳細は受験願書の案内を参照して下さい。）

受験一口メモ

① 受験前日

　　これは当たり前のことかもしれませんが，当日持っていくものをきちんとチェックして，前日には確実に揃えておきます。特に，**受験票**を忘れる人がたまに見られるので，筆記用具とともに再確認して準備しておきます。

　　なお，解答カードには，「必ず HB，又は B の鉛筆を使用して下さい」と指定されているので，HB，又は B の鉛筆を2～3本と，できれば予備として濃い目のシャーペンを準備しておくとよいでしょう。

② 集合時間について

　　たとえば，試験が10時開始だったら，集合はその30分前の9時30分となります。試験には精神的な要素も多分に加味されるので，遅刻して余裕のない状態で受けるより，余裕をもって会場に到着し，落ち着いた状態で受験に臨む方が，よりベストといえるでしょう。

③ 途中退出

　　試験時間は2時間ですが，試験開始後35分経過すると途中退出が認められます。

　　しかし，ここはひとつ冷静になって，「試験時間は十分にあるんだ」と言い聞かせながら，マイペースを貫いてください。実際，110分もあれば，1問あたり5分半くらいで解答すればよく，すぐに解答できる問題もあることを考えれば，十分すぎるくらいの時間があるので，アセル必要はない，というわけです。

注意：
本書につきましては，常に新しい問題の情報をお届けするため問題の入れ替えを頻繁に行っております。従いまして，新しい問題に対応した説明が本文中でされていない場合がありますが予めご了承いただきますようお願い申し上げます。

第1編

基礎的な物理学
および
基礎的な化学

物理の基礎知識

★point★

1 物質の三態とは？

　一般に物質は固体，液体，気体の三つの状態で存在します。これを物質の三態といい，温度や圧力を変えることによって，それぞれの状態に変化します。

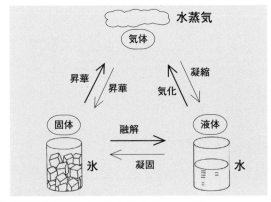

【1】融解と凝固〈固体と液体間の変化〉

・融解とは，固体が（加熱されて）液体に変わる現象で，そのとき固体が吸収する熱を融解熱といいます。

　例）氷を加熱すると水になる（＝氷が融解熱を吸収して水になる）。

・凝固とは，液体が（冷却されて）固体に変わる現象で，そのとき液体が放出する熱を凝固熱といいます。

　例）水が冷却されて氷になる（＝水が凝固熱を放出して氷になる）。

【2】気化と凝縮〈液体と気体間の変化〉

・気化とは液体が（加熱されて）気体に変わる現象で，そのとき液体が吸収する熱を気化熱（蒸発熱）といいます。

　例）水を加熱すると水蒸気になる（＝水が気化熱を吸収

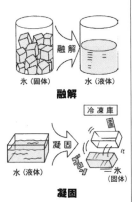

融解

凝固

気化

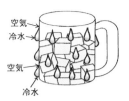

凝縮

昇華

潮解

炭酸ナトリウムの結晶

風解

して水蒸気になる）。

・凝縮とは気体が（冷却されて）液体に変わる現象で，そのとき気体が放出する熱を凝縮熱といいます。

　例）水蒸気が冷却されて水になる（＝水蒸気が凝縮熱を放出して水になる）。

【3】昇華 〈固体と気体間の変化〉

・昇華とは固体から直接気体になったり，または逆に気体から直接固体になる現象で，その際に吸収あるいは放出する熱を昇華熱といいます。

　例）ドライアイスが炭酸ガスになる（ドライアイスが昇華熱を吸収して炭酸ガスになる）

　　　固体 ⇒ 気体

CO_2　気体

⇧

ドライアイス　固体

☆　昇華熱をはじめ気化熱や融解熱など，状態を変化させるだけで温度の上昇を伴わない熱を潜熱といいます。

☆　その他の物質の状態変化について

・潮解：固体が空気中の水分を吸って溶ける現象。

・風解：潮解の逆の現象。すなわち結晶水を含む物質が，その水分を失って粉末状になる現象。

こうして覚えよう！

熱の吸収，熱の放出について　〈水を例にして考える〉

● 温度の低い状態へ変化する時　⇒　熱を放出

　（水→氷……水が熱を放出するから氷になる）

● 温度の高い状態へ変化する時　⇒　熱を吸収

　（氷→水……氷が熱を吸収するから溶けて水になる）

2　密度と比重の意味

【1】密度

　密度とは，物質1cm³あたりの質量をいいます。つまり，その物質の質量〔g〕をその体積〔cm³〕で割った値です。

$$密度 = \frac{物質の質量〔g〕}{物質の体積〔cm³〕}〔g/cm³〕$$

$$密度 = \frac{3g}{1cm³}$$

$$= 3〔g/cm³〕$$

　たとえば，1cm³の質量が3gの物質の場合，その密度は3〔g/cm³〕となります。

【2】比重（固体，液体の場合）

比重（単位はない）
・物質の質量と同体積の水（1気圧で4℃）の質量との比
・水の比重は4℃で最大

　比重とは，ある物質の質量がそれと同体積の水（1気圧で4℃）の質量の何倍か，ということを表した数値です（単位はありません）。

$$比重 = \frac{物質の質量〔g〕}{物質と同体積の水の質量〔g〕}$$

　たとえば，比重が1.26の二硫化炭素は，水より重いということになるので，水に沈みます。

　しかし，比重が約0.7のガソリンは，水より軽いということなので，水に浮くことになります。

比重と密度
密度の〔g/cm³〕を取り去ったのが比重で，実用上両者を同じものとして取り扱っても差しつかえない。

蒸気比重
・蒸気の質量と同体積の空気（1気圧で0℃）の質量の比
・空気=1.0

【3】比重（蒸気の場合）

　蒸気の比重とは，ある蒸気の重さがそれと同体積の空気（1気圧で0℃）の質量の何倍か，ということを表した数値です（単位はありません）。

$$\text{蒸気比重} = \frac{\text{蒸気の質量〔g〕}}{\text{蒸気と同体積の空気の質量〔g〕}}$$

たとえば，ガソリンの蒸気比重は3～4なので空気より3～4倍重く，従って**低所に滞留**することになります。

3　沸騰と沸点

液体を加熱していくと，まず液体表面から気化を始めますが（これを蒸発といいます），さらに加熱していくと<u>液体内部からも気化が生じ気泡が発生</u>します。この現象を沸騰といい，その時の温度を沸点といいます。

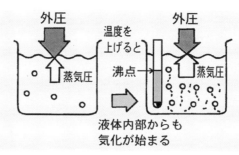

液体内部からも
気化が始まる

① 沸騰は，**液体の飽和蒸気圧**と液体の表面に加わる**外圧（大気圧）**が等しくなった時に発生し，沸点はその時の温度ということになります。

・沸点⇒　液体の飽和蒸気圧＝外圧の時の液温。

② 標準状態（大気圧が1気圧）では，液体の飽和蒸気圧が1気圧となる時の液温が沸点となります。

・（標準）沸点⇒　液体の飽和蒸気圧が1気圧となる時の液体の温度。

③ 外圧が高いと沸点も高くなり，低いと沸点も低くなります。

・外圧（下向きの矢印⇓）が高い⇒沸騰を起こすには液体の飽和蒸気圧（上向きの矢印⇑）もその分高くする必要がある⇒その分加熱が必要⇒よって，沸点も高くなる。

沸点
・「液体の飽和蒸気圧＝外圧」の時の液温
・標準沸点は，液体の飽和蒸気圧が**1気圧**となる時の液温

飽和蒸気圧
空間が液体の蒸気で飽和状態の時の圧力で，温度の上昇とともに増大する。

砂糖や塩などの不揮発性物質を液体に溶かすと**沸点**は上昇し，**凝固点**は低くなります。これを**沸点上昇**および**凝固点降下**といいます。

第1編

物理の基礎知識

2 熱について （P31 問題11〜21）

1 熱量の単位と計算

【1】温度

温度を表す単位には，通常用いられるセ氏の他に絶対温度があります。

絶対温度というのは，セ氏の−273℃を0度とした場合の温度で，単位はK（ケルビン）を用います。

☆ 乙4の試験では通常℃を用いますが，温度差等を表す場合はKを用いる場合があります。

絶対温度
・−273℃を0度とした場合の温度
・単位はK（ケルビン）

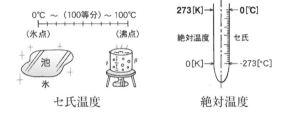

セ氏温度 　　　　　　絶対温度

【2】熱量

① 物体が温められるのは，その物体に「熱」というエネルギーが加えられたからであり，そのエネルギーの量を熱量といいます。

② 水1gの温度を1K〔1℃〕上げるのに必要な熱量は約4.19Jです。

熱量の単位はジュール〔J〕またはキロジュール〔kJ〕を用います〔1kJ＝1000J〕。

【3】比熱と熱容量

・物質には，同じ熱を加えても温まりやすい物質と温まりにくい物質があります。その度合いを1g当たりで表したものを比熱といい，物質全体で表したものを熱容量といいます。すなわち，

・比熱（c）とは，ある物質1gの温度を1K上げるのに必要な熱量をいい，単位は〔J/(g・K)〕で表します。

・それに対して熱容量（C）とは，その物質全体の温度を

比熱〔J/(g・K)〕
・1gの温度を1K上げるのに必要な熱量

熱容量〔J/K〕

・物質全体の温度を1K上げるのに必要な熱量

・大文字の C で表す

・$C=mc$
　＝質量×比熱

比熱や熱容量が大
温まりにくく冷めにくい

比熱や熱容量が小
温めやすく冷めやすい。

1K〔1℃〕上げるのに必要な熱量のことをいい，単位は〔J/K〕で表します。

・したがって，熱容量は比熱にその物質の質量（m）を掛けた値となります。

$$C=mc \qquad （熱容量＝物質の質量×比熱）$$

→　この比熱や熱容量が大きな物質は，温まりにくいのですが，いったん温めるとなかなか冷めにくい，という特徴を持っています。

逆に，比熱や熱容量が小さな物質は，温めやすいのですが，同時に冷めやすい，という特徴があります。

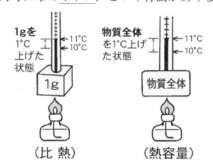

（比 熱）　　　　（熱容量）

熱量の計算

$Q=mc\Delta t$

Δt → デルタ t と読み，温度差を表す

【4】熱量の計算

熱量を求めるには次の計算式を使います。

$$熱量（Q）＝質量×比熱×温度差$$
$$＝mc\Delta t \text{〔J〕}$$

たとえば，質量 m が1gで比熱 c が1〔J/（g・K）〕の物質の温度を，1℃から2℃まで（つまり温度差 $\Delta t = 1$）上昇させるのに必要な熱量は，

$$Q=m×c×\Delta t$$
$$=1×1×1$$
$$=1\text{〔J〕}$$

となります。

水200g

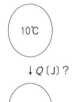

10℃

↓Q〔J〕?

20℃

エタノール100g

10℃

↓Q〔J〕?

20℃

例題 1

　200gの水を10℃から20℃に高めるのに必要な熱量は？

解説

　c は水の場合約4.19，m は200g，$\varDelta t$ は20−10＝10K。

したがって，$Q = m \times c \times \varDelta t$

$$= 200 \times 4.19 \times 10$$
$$= 8380 〔J〕 \text{となります。}$$

正解　8380〔J〕

例題 2

　10℃のエタノール100gを20℃まで高めるのに必要な熱量は？ただし，エタノールの比熱は2.38〔J/(g·K)〕とする。

解説

　$Q = mc\varDelta t$ より，m は100g，c は2.38，$\varDelta t$ は10K。

したがって，$Q = m \times c \times \varDelta t$

$$= 100 \times 2.38 \times 10$$
$$= 2380 〔J〕 \text{となります。}$$

正解　2380〔J〕

2　熱の移動とは？

　熱の伝わり方には，**伝導**，**放射**（ふく射），**対流**の3種類があります。

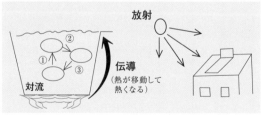

伝導

熱が高温部から低温部へと次々に伝わっていく現象

【1】　伝導

・金属棒の一端を温めるとやがて他端も温められます。

　このように，熱が高温部から低温部へと伝わっていく現象を伝導といいます。

・物質には熱伝導のしやすい物質と，しにくい物質があり，その度合を表したものを**熱伝導率**といいます。

① 熱伝導率の値は物質によって異なります。

② 熱伝導率の数値が大きいほど熱が伝わりやすくなります。

③ 熱伝導率の大きさは，**固体＞液体＞気体**，の順になります。

熱伝導率
・熱伝導率が大
＝熱が伝わりや
すい。
・固体＞液体＞気体

例）火を当てているのは鍋の底なのに取っ手を持つと熱いのは，この**熱伝導**のためです。

伝導　　　　　　　　放射

放射
熱を伝える物質なしに熱が直接移動する。

【2】　放射（ふく射）

太陽が地面を暖めるように，高温の物体から発せられた熱線（放射熱という）が空間を直進して直接ほかの物質に熱を与える現象を放射（ふく射）といいます。

例）照明用のライトを当てられた瞬間に暖かく感じるのは，この**放射熱**を受けるためです。

対流
気体や液体を加熱
→その部分が膨張
→１cm³あたりの
重さ（密度）が
軽くなる
→上昇
→上にあった部分
が下降して，そ
れが再び加熱さ
れ上昇…を繰り
返す

【3】　対流（P22の図参照）

気体や液体などの流体が加熱されると，その部分が膨張するので密度が小さくなり軽くなります。軽くなると流体は上昇を始めますが（図の①），そのあとには周辺の冷たい部分が流れ込み（図の③），これが暖められて同じように上昇し，また別の部分が流れ込む…という循環を繰り返して全体が暖められます。このような熱の移動を対流といいます。

例）風呂を沸かす時に水の表面から熱くなり，次第に全体が温まるのは，この**対流**が起きるからです。

対流　　　　　　　　熱膨張

体膨張率
・体積が膨張する
　割合
・大きさの順
　気体＞液体＞固体

液体を容器に保管する場合
液体の膨張による容器の破損を防ぐために，空間を残す必要がある

3　熱膨張について

　熱膨張とは，温度が上昇するにつれて物体の長さや体積が増加することをいいます。

　液体の場合，増加した体積は次式で求められます。

こうして覚えよう！

増加体積＝元の体積×体膨張率×温度差

たい　ぼ　　お（待望）の体積増加
体積　膨張率　温度差

(注)10^{-3}とは$1/10^3$のこと
$10^3 = 10 \times 10 \times 10$
$\quad = 1000$だから
$10^{-3} = \dfrac{1}{1000}$
となります。

例題　増加体積を求める

　10℃で1000ℓのガソリンが20℃になると，体積は何ℓ増加するか。

　ただし，ガソリンの体膨張率を1.35×10^{-3}とする。

例題の体膨張率を1.35×10⁻³K⁻¹と表わす場合があります。Kは絶対温度の単位ケルビンで，K⁻¹とは1／Kを表わし，「1度あたり」という意味であり，計算の際はK⁻¹を考えずに，そのまま1.35×10⁻³の数値を使って計算すればよいだけです。

解説

増加体積＝元の体積×体膨張率×温度差
$$= 1000ℓ \times 1.35 \times 10^{-3} \times (20 - 10)$$
$$= 1.35 \times 10$$
$$= 13.5 〔ℓ〕$$

正解　13.5〔ℓ〕

ちなみに，膨張後の全体の体積は，元の体積にこの増加した体積を足せばよいので

$1000ℓ + 13.5 = 1013.5ℓ$ となります。

（⇐ $\frac{1}{K}$ は「パーケイ」と読む）

第1編

物理の基礎知識

4　ボイル・シャルルの法則

物体の熱運動が完全に停止する温度（マイナス273℃）を0度（絶対零度という）とした温度の単位を**絶対温度（T）**といいます（単位はKケルビン）。

従って，セ氏の0℃は絶対温度の273Kになるので，セ氏温度を t で表すと，絶対温度 T は，$T = t + 273$　という式で求められます。

【1】　ボイルの法則

温度が一定のもとでは，一定量の気体の体積は圧力に反比例します。これをボイルの法則といい，圧力を P，体積を V とすると，次式で表されます。

$$PV = k（一定）$$

【2】　シャルルの法則

圧力が一定のもとでは，一定量の気体の体積は，絶対温度に比例します。

これをシャルルの法則といい，次式で表されます。

$$\frac{V}{T} = k（一定）$$

なお，これをセ氏温度で説明すると，「圧力が一定の場合，体積は温度が1℃上昇するごとに，（0℃の時の）体積の1／273ずつ膨張する」となります（出題例あり）。

【3】　ボイル・シャルルの法則

以上の2つの法則をまとめると，「一定量の気体の体積は圧力に反比例し，絶対温度に比例する。」という関係になり，次式が成り立ちます。

$$\frac{PV}{T} = k（一定）$$　（とりあえずは，この式の意味だけでも覚えてください。）

3 静 電 気 (P34　問題22〜25)

静電気
・摩擦電気ともいう。
・帯電だけでは火災の危険はないが，放電すると点火源になる危険性がある。
・帯電しても発熱はしない。

【1】静電気とは？

　電気を通しにくい物体（絶縁体または不良導体という）どうしを摩擦すると，物体の表面に静電気が発生します。

　その場合，一方の物体には**プラス**，他方の物体にはマイナスの静電気が帯電し，それが蓄積されて何らかの原因で放電されると火花が発生します。その時，もし付近に可燃性蒸気が存在した場合は，それが点火源となって火災の危険が生じます。

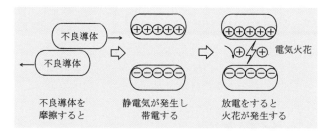

☆　静電気は人体をはじめとして，すべての物質に帯電します。

静電気が発生しやすい条件
・絶縁抵抗が大
・流速が大きい
・湿度が低い
・合成繊維の衣類

【2】静電気が発生しやすい条件

① 物体の**絶縁抵抗**が**大きい**ほど（＝不良導体であるほど＝電気抵抗が大きいほど）発生しやすい。

② ガソリンなどの石油類が，配管やホース内を流れる時に発生しやすく，また，その**流速**が**大きい**ほど，発生しやすい。

③ **湿度**が**低い**（乾燥している）ほど発生しやすい。

④ ナイロンなどの合成繊維**の衣類**は木綿の衣類より発生しやすい。

⑤ 物質の**接触面積**が**大きい**，**接触圧力**が**高い**，**接触回数**が**多い**，および接触状態のものを**急激に剥がす**ほど発生しやすい。

注意しよう!!

　【2】の①の絶縁抵抗（絶縁性)は電気の通しにくさを表し，【3】の①導電性は電気を通す性質を表します。つまり，反対の性質ということになり，絶縁抵抗が大きいほど電気は流れにくくなりますが，導電性が大きくなると，逆に，電気は流れやすくなるので，注意が必要です。

静電気の防止
・導電性の高い材料を用いる
・流速を遅くする
・湿度を高くする
・木綿の服の着用
・摩擦を少なくする
・空気をイオン化
・接地をする

【3】静電気の発生（蓄積）を防ぐには？

　【2】の①から④の逆をすればよい。すなわち，

① 　**導電性**の高い材料を用いる（容器や配管など）。

② 　**流速**を遅くする（給油時など，ゆっくり入れる）。

③ 　**湿度**を高くする。

④ 　合成繊維の衣服を避け，木綿の服などを着用する。

以上のほか

⑤ 　摩擦を少なくする。

⑥ 　室内の空気をイオン化する（空気をイオン化して静電気と中和させ，除去する）。

⑦ 　接地（アース）をして，静電気を地面に逃がす。

などがあります。

こうして覚えよう！

湿度を高くすると，なぜ静電気が蓄積しないんだろう？

　湿度が高い

　　⇓

　空気中の水分が多い

　　⇓

　静電気がその水分に移動する

　　⇓

　したがって，蓄積が防止できる

というわけです。

水の分子

物　体

★ **hint** ★
物質の三態

（本文→P16）

【1】 物質の状態の変化に関する説明として，次のうち誤っているものはどれか。

(1) 液体が気体に変化することを蒸発という。

(2) 液体が固体に変化することを凝縮という。

(3) 液体内部からも液体の蒸発が激しくおこる現象を沸騰という。

(4) 氷が溶けて水になることを融解という。

(5) 固体のナフタレンが，直接気体になることを昇華という。

図の1気圧のラインに注目し，温度が上がるにつれて固体⇒液体⇒気体になることから考えます。

【2】 水の状態変化を示した下図の（a）（b）（c）のうち，気体，液体，固体はそれぞれどの部分に該当するか，次のうちから正しいものを選べ。

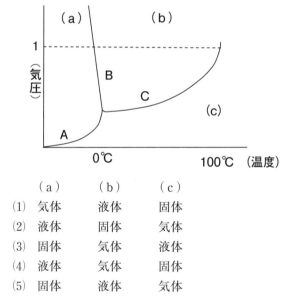

	（a）	（b）	（c）
(1)	気体	液体	固体
(2)	液体	固体	気体
(3)	固体	気体	液体
(4)	液体	気体	固体
(5)	固体	液体	気体

【3】 物質の状態変化について，次のうち誤っているものはどれか。

⑴　溶液　凝固点が，純粋な溶媒の凝固点より低くなる現象を凝固点降下という。

⑵　凝固点降下度とは，純粋な溶媒と溶液の凝固点の差をいう。

⑶　希薄溶液の凝固点降下度は，溶質の種類に無関係であるが，溶質の質量モル濃度に比例する。

⑷　0℃で水と氷が共存するのは，水の凝固点と氷の融点が異なっているためである。

⑸　0℃の水と氷が共存する場合に関係する熱は，融解熱または凝固熱である。

【1】のヒントを参考にしよう！

【4】水の状態変化についての記述のうち，正しいものはどれか。

⑴　水が熱を吸収して氷になる。　　　→凝固

⑵　水蒸気が熱を放出して水になる。→凝縮

⑶　氷が熱を放出して水になる。　　→液化

⑷　水が熱を放出して水蒸気になる。→気化

⑸　水が熱を放出して氷になる。　　→液固

密度と比重

（本文→P18）

潮解
溶けてベトベトになる

風解
サラサラの粉末状になる

【5】用語の説明として，次のうち誤っているものはどれか。

⑴　潮解……固体が空気中の水分を吸って溶ける現象。

⑵　溶解……液体に物質が溶けて均一な液体になること。

⑶　密度……物質 1 cm³ あたりの質量。

⑷　風解……結晶水を含む物質が，その水分を失って固形状になる現象。

⑸　昇華……固体が直接気体になること。

比重は「重さを比べる」と書きます。
何と比べるかを考えよう！

【6】比重についての説明として，次のうち誤っているものはどれか。

⑴　ある物質の重さを，それと同体積の水（1気圧で 4 ℃）の重さと比べた場合の割合を比重という。

⑵　水の比重は 0 ℃の時が最大である。

⑶　蒸気比重とは，ある蒸気の重さと同体積の空気（1 気圧で 0 ℃）の重さを比べた場合の割合をいう。

(4)　ガソリンが水に浮かぶのは，ガソリンの比重が1より小さいからである。

(5)　二硫化炭素の比重が1.26というのは，二硫化炭素の重さが水の重さの1.26倍ということである。

沸騰と沸点

（本文→P19）

【7】は P19の絵を思い出して（できれば自分で描いて）考えればよく分かります。

【7】次の説明文のうち，正しいものはどれか。

(1)　液体を加熱すると，まず液体内部から気化を始める。

(2)　外（気）圧が高いと沸点も高くなり，低いと沸点も低くなる。

(3)　不揮発性の物質（砂糖など）が溶け込むと液体の沸点は降下する。

(4)　液体表面から気化するのを沸騰という。

(5)　可燃性液体のなかには，沸点が100℃より低いものはない。

(1)や(5)のように，内容が難しそうな選択肢は，取りあえず後回しにしてまずは他の選択肢を解いてみよう。

【8】蒸気圧と沸点について，次のうち正しいものはどれか。

(1)　純溶媒に不揮発性物質を溶かした溶液の蒸気圧は，純溶媒より高くなる。

(2)　沸点は，加圧すると低くなり，減圧すると高くなる。

(3)　一般に液体の温度が高くなると，蒸気圧は低くなる。

(4)　沸点とは，液体の飽和蒸気圧が外気圧に等しくなり，沸騰が始まるときの温度である。

(5)　純溶媒と純溶媒に不揮発性物質を溶かした溶液の蒸気圧の差は，溶質の分子やイオンの質量モル濃度に反比例する。

飽和蒸気圧とは，空間が液体の蒸気で飽和状態のときの圧力で，温度が上昇すると，この圧力も上昇します。

【9】次の文の（　）内のA～Cに当てはまる語句の組合わせとして，正しいものはどれか。

「液体の飽和蒸気圧は，温度の上昇とともに（A）する。その際の圧力が大気の圧力（外気圧）と等しくなった時の（B）が沸点である。従って，大気の（C）が低いと，沸点も低くなる。」

	（A）	（B）	（C）
⑴	減少	温度	圧力
⑵	減少	圧力	温度
⑶	増大	圧力	温度
⑷	増大	温度	圧力
⑸	減少	温度	温度

融点より温度が高いと**液体**，低いと**固体**，沸点より温度が高いと**気体**，低いと**液体**になります。

【10】 融点が−114.4℃で沸点が78.4℃である物質を−30℃および70℃に保ったときの状態について，次の組み合わせのうち正しいものはどれか。

	−30℃のとき	70℃のとき
⑴	固体	固体
⑵	固体	液体
⑶	液体	液体
⑷	液体	気体
⑸	気体	気体

熱量の単位と計算

（本文→P20）
注）J/K を JK^{-1} と表す場合があるので注意しよう。

【11】 比熱についての説明で，次のうち正しいものはどれか。
⑴ 比熱の単位は〔J/K〕である。
⑵ 比熱が大きな物質は温まりやすく冷めやすい。
⑶ 物質1gの温度を1K［1℃］上げるのに必要な熱量である。
⑷ 比熱を c，質量を m とすると，熱容量 C は，$C = mc^2$ であらわすことが出来る。
⑸ 物質全体の温度を1K（ケルビン）だけ上昇させるのに必要な熱量である。

【12】 次の熱についての説明のうち，誤っているものはどれか。
⑴ 熱容量の単位は〔J/K〕である。
⑵ 熱容量が大きな物質は，温まりにくく冷めにくい。
⑶ 熱量の単位はジュール〔J〕またはキロジュール〔KJ〕

1KJ＝1000J

を用いる。

(4)　熱容量は比熱にその物質の質量を掛けた値である。

水は温まりにくく
冷めにくい液体で
す。

(5)　水の比熱は約4.19〔J／(g・K)〕であり，固体，液体を通じて最も小さい。

【13】 0℃のある液体100gに12.6kJの熱量を与えたら，この液体は何度になるか。ただし，この液体の比熱を2.1〔J／(g・K)〕とする。

$Q = mc\Delta t$ ，を Δt
＝の式に変えてみる

(1)　20℃　　　(2)　30℃

(3)　40℃　　　(4)　50℃

(5)　60℃

【14】 比熱が2.5J／g・Kである液体100gの温度を10℃から30℃まで上昇させるのに要する熱量は，次のうちどれか。

$Q = mc\Delta t$ の式より求められます。

(1)　2.5kJ　　(2)　5.0kJ

(3)　7.5kJ　　(4)　10.0kJ

(5)　12.5kJ

熱の移動

（本文→P22）

【15】 熱の移動について，次のうち誤っているものはどれか。

(1)　ストーブに近づいた際，ストーブに向いた方が熱くなるのは，反射熱（ふく射熱）によるものである。

(2)　ガスこんろで水を沸かすと，水が表面から温かくなるのは熱の伝導によるものである。

(3)　コップにお湯を入れた際に，コップが熱くなるのは，熱の伝導によるものである。

(4)　地上の物が太陽に温められて温度が上昇するのは，放射熱（ふく射熱）によるものである。

(5)　冷房装置で冷やされた空気によって，室内全体が冷やされるのは，熱の対流によるものである。

【16】熱についての説明のうち，正しいものはどれか。

(1) 熱伝導率の値は物質によって異なることはない。

(2) 熱せられた物体から出された放射熱によって他の物体が温められる現象は，放射である。

(3) 気体，液体，固体のうち熱伝導率が最も小さいのは固体である。

(4) 水の比熱は，液体，固体を通じて最も小さい。

(5) ガスコンロで水を沸かす時に水の表面から熱くなるのは，熱が伝導するためである。

【17】常温（20℃）において熱伝導率が最も小さいものは次のうちどれか。

(1) 空気　　　　　　　(2) 鉄

(3) 木材　　　　　　　(4) アルミニウム

(5) 水

【18】次の文の（　）内のA，Bに当てはまる語句の組合せとして，正しいものはどれか。

「物体と熱源との間に液体が存在する場合，一般に液体は温度が高くなれば比重が(A)なるので上方に移動し，これによって物体に熱が伝わる。このような熱の伝わり方を（B）という。一方，物体と熱源との間が真空であっても熱が伝わる。たとえば，太陽によって地上の物体が温められて温度が上がるのはこの例で，このような熱の伝わり方を（C）という。」

	（A）	（B）	（C）
(1)	小さく	対流	放射
(2)	大きく	伝導	対流
(3)	小さく	放射	伝導
(4)	大きく	対流	放射
(5)	小さく	伝導	対流

熱伝導率

・熱の伝わりやすさの度合を表したもので，その数値が大きいほど熱が伝わりやすくなる。

・固体＞液体＞気体

熱伝導率が小さいほど熱が伝わりにくくなります。

熱膨張

（本文→P24）

【19】 次の熱膨張についての記述のうち，誤っているものはどれか。

(1)　熱膨張とは，温度が上昇するにつれて物体の長さや体積が増加することである。

(2)　ガソリンを収納する容器に空間容積が必要なのは，ガソリンの体膨張によって容器が破損するのを防ぐためである。

(3)　一般に，固体の体膨張率は線膨張率の約3倍である。

(4)　液体の膨張は，気体や固体に比べてはるかに大きい。

(5)　気体の体積は，圧力が一定の場合，温度が1℃上昇するごとに，0℃の時の体積の1/273ずつ膨張する。

体積増加のゴロ合わせを思い出してみよう！
⇓
たいぼ　おの体積
体積　膨張率　温度差
増加

K^{-1}は1/Kを表し，計算の際は無視してもかまいません。（P25参照）

【20】 内容積1.000ℓのタンクに満たされた液温15℃のガソリンを35℃まで温めた場合，タンク外に流出する量として正しいものは次のうちどれか。ただし，ガソリンの体膨張率を$1.35×10^{-3}K^{-1}$とし，タンクの膨張およびガソリンの蒸発は考えないものとする。

(1)　1.35 ℓ　　　(2)　6.75 ℓ

(3)　13.50 ℓ　　(4)　27.00 ℓ

(5)　54.00 ℓ

【21】 0℃の気体を体積一定で加熱していったとき，圧力が2倍になる温度は，次のうちどれか。ただし，気体の体積は温度が1℃上がるごとに，0℃のときの体積の273分の1ずつ膨張するものとする。

(1)　2℃　　　(2)　137℃　　　(3)　273℃

(4)　546℃　　(5)　683℃

静電気

（本文→P26）

【22】 静電気に関する説明として，次のうち誤っているものはどれか。

(1)　静電気は固体だけでなく，気体，液体でも発生する。

帯電とは，物体が電気を帯びることをいいます。

(2) 静電気の帯電量は，物質の絶縁抵抗が大きいものほど少ない。

(3) 2種の異なる電気の不導体を互いに摩擦すると，一方に正（＋），他方に負（－）の電荷が生じて帯電する。

(4) 導電率の低い液体が配管を流れるときは，静電気が発生しやすい。

(5) 一般に合成繊維製品は，綿製品より帯電しやすい。

【23】 **静電気について，次のうち誤っているものはどれか。**

(1) 物体が静電気を帯びることを帯電という。

(2) 導体に帯電体を近づけると，導体と帯電体は反発する。

(3) 静電気による災害の防止対策である接地とは，物体と大地とを電気抵抗の小さな導体によって接続し，静電気を大地へ逃がすことにより物体の電位を下げる方法である。

(4) 電荷には，正電荷と負電荷があり，異種の電荷の間には引力が働く。

(5) 物体間で電荷のやりとりがあっても，電気量の総和は変わらない。

(2)は，導体に帯電体を近づけると，導体の帯電体側には導体とは逆の電荷が帯電します。なお，(3)については，電気の導体に接地すると，静電気はそちらの方に逃げるので，帯電を防ぐことができます。

【24】 **静電気の帯電について，次のうち誤っているものはどれか。**

(1) 引火性液体に帯電すると電気分解が起こる。

(2) 電気の不導体に帯電しやすい。

(3) 帯電した物体に分布している流れのない電気のことを静電気という。

(4) 湿度が低いほど帯電しやすい。

(5) 帯電防止策として，接地する方法がある。

タンクへの充填作業終了後は静電気が発生しているので，すぐに作業を開始せず，**静置時間**を置いた後に作業を行います。

＊正確には等電位ボンディングといい，電位（電気の位置エネルギーのようなもの）の差（＝電圧）が金属間にあると，金属間に火花放電を生じる危険性があるので，全ての金属を導体で接続し，この電位差を無くす方法のことをいいます。

【25】移動タンク貯蔵所に液体の危険物を移送中，静電気による災害の発生を防止する方法として，次のうち誤っているものはどれか。

(1)　タンクへの充填作業終了後，静置時間を置いた後に検尺作業を行う。

(2)　タンク，配管等は，金属などの導電性材料を使用し，それらを接地・ボンディング＊する。

(3)　作業者の作業服，靴，手袋は，帯電防止用品とする。

(4)　タンクへの充填作業終了後，直ちに充填に使用した注入管を取り出す。

(5)　配管等における危険物の流速制限を行う。

物理の解答と解説

【1】 解答 (2)

解説　液体が固体に変化するのは凝固になります。

【2】 解答 (5)

解説　図の1気圧のライン（点線）と温度に注目すると，（a）は0℃以下になるので，氷（**固体**），（b）は0℃から100℃までの状態を示しているので水（**液体**），（c）は100℃以上ということで蒸気（**気体**）ということになります（Aは**昇華曲線**，Bは**融解曲線**，Cは**蒸気圧曲線**といいます）。

【3】 解答 (4)

解説　0℃で水と氷が共存するのは，0℃が**水の凝固点**であり，また，**氷の融点**でもあり，氷から水へ状態が変化するのに**融解熱**が必要だからです。つまり，その融解熱が加えられている間は温度変化がないので，0℃のままとなり，水の凝固点＝氷の融点＝0℃となるわけです。

【4】 解答 (2)

解説

(1)　お湯（水）が冷たい氷になるためには，お湯（水）の熱を捨てなければなりません。したがって，「水が熱を<u>放出</u>して氷になる」が正解。

(3)　冷たい氷が熱いお湯（水）になるためには，氷に熱を与える（吸収させる）必要があります。したがって，「氷が熱を<u>吸収</u>して水になる」が正解。また，その場合の現象は液化ではなく**融解**です。

(4)　水が熱い蒸気になるのは，水に熱を与える（吸収させる）必要があります。したがって，「水が熱を<u>吸収</u>して水蒸気になる」が正解。

(5)　(1)で説明したように，「水が熱を放出して氷になる」は正しいですが，現象は液固ではなく，**凝固**です。

【5】 解答 (4)

解説　風解は結晶水を含む物質がその水分を失って…までは正しいですが，固形状ではなく**粉末状**になる現象です。

【6】 解答 (2)

解説　水の比重は 4 ℃の時が最大です。⇒「比重が最大」ということは「密度が最大」ということであり，よって水の体積は逆に 4 ℃の時が最小となります。

【7】 解答 (2)

解説

(1)　気化を始めるのは液体内部からではなく，液体表面からです。

(3)　砂糖や塩などの不揮発性物質が溶け込むと，沸点は上昇します。

(4)　液体表面から気化するのは蒸発で，沸騰は液体内部からも気化を始める現象です。

(5)　ベンゼン（80 ℃）やアセトン（56.5 ℃）などのように沸点が100 ℃より低いものもあります。

【8】 解答 (4)

解説

(1)　砂糖や塩などの不揮発性物質を溶かすと，蒸気圧は低くなります。

(2)　沸点は，加圧すると高くなり，減圧すると低くなります。

(3)　液体の温度が高くなると，蒸気が活発に運動するので，蒸気圧は高くなります。

(5)　最後の「反比例する。」が誤りで，正しくは，「比例する。」となります。

【9】 解答 (4)

解説　正解は，次のようになります。

「液体の飽和蒸気圧は，温度の上昇とともに「増大」する。その際の圧力が大気の圧力（外気圧）と等しくなった時の「温度」が沸点である。従って，大気の「圧力」が低いと，沸点も低くなる。」

【10】 解答 (3)

融点が −114.4 ℃ということは，−114.4 ℃ですでに液体になっているので，それより温度が高い −30 ℃も，当然液体です。

また，沸点が78.4 ℃ということは，78.4 ℃にならなければ気化，すなわち，気体に変化しないので，70 ℃では，まだ液体のままである，ということになります。従って，−30 ℃のときも70 ℃のときも液体になります。

【11】 解答 (3)

解説 (1) 比熱の単位は〔J／(g·K)〕です。

また，J/K は熱容量の単位です。

(2) 比熱が大きいということは，物質1gの温度を1℃上げるのに，より多くの熱量が必要である，ということです。したがって，同じ熱量を加えても比熱が大きな物質は温まりにくく冷めにくい，ということになります。

(4) 熱容量 C は，比熱 c にその物質の質量 m を掛けた値なので，**C＝mc** となります。

(5) 物質全体の温度を1K上げるのに必要な熱量は熱容量です。

【12】 解答 (5)

解説 「水の比熱は約4.19〔J／(g·K)〕で，固体，液体を通じて最も大きい」が正解です。

【13】 解答 (5)

解説 熱量の式は $Q＝mct$ （m は質量，c は比熱，t は温度差）

従って，温度差 t は，$t＝Q／mc$ となるので，

$t ＝12600／100×2.1$ （注：12.6kJ＝12600 J）

＝60K（温度差の場合は℃ではなく，Kで表す）

もとの温度が0℃だから，温度差60Kを足して，**60℃** ということになります。

【14】 解答 (2)

解説 前問より，熱量 Q を求める式は，**$Q＝mct$**

よって，これに，$m＝100g$，$c＝2.5$，$t＝30－10＝20K$ の数値を入れると $Q＝100×2.5×20＝5000J＝$ **5 kJ** となります。

【15】 解答 (2)

解説 ガスこんろで水を沸かすと，水が表面から温かくなるのは，(5)と同じく，熱の対流によるものです。

【16】 解答 (2)

解説 (1) 熱伝導率の値は物質によって異なります。

(3) 問題文は逆で，大きい方から固体，液体，気体となります。

⑷　これも逆で，水の比熱は，液体，固体を通じて最も大きい。

⑸　水の表面から熱くなるのは，熱が対流を起こすためです。

【17】　解答　(1)

解説　ちなみに，熱伝導率の大きい順（熱が伝わりやすい順）に並べると，
アルミニウム＞鉄＞水＞木材＞空気　となります。

【18】　解答　(1)

解説　P 23，**【2】**，**【3】**参照

【19】　解答　(4)

解説　液体ではなく気体，すなわち，「気体の膨張は，液体や固体に比べて
はるかに大きい」が正解です。

【20】　解答　(4)

解説　1000ℓの容器に満たされている，ということは1000ℓ一杯入っている
ということ。従って，あふれだす量は「温度上昇による増加体積」そのも
のとなります。よって

　　増加体積＝元の体積×体膨張率×温度差　より

$$= 1000 \times 1.35 \times 10^{-3} \times (35 - 15)$$
$$= 1.35 \times 20$$
$$= 27 〔ℓ〕　となります。$$

【21】　解答　(3)

解説　P25の**【3】**の式より，体積 V が一定で，圧力 P が 2 倍になると分
母の絶対温度 T も 2 倍になります。0℃は，絶対温度では273Kになるので，
その 2 倍は546K。これをセ氏温度に直すと，$T = 273 + t$ の式より，$t = T - 273$
$= 546 - 273 = 273$℃，となります。

【22】　解答　(2)

解説　静電気は，絶縁抵抗が大きい物質，すなわち，電気が流れにくい物質
（**不導体**または**不良導体**ともいう）ほど帯電しやすくなります。従って，
静電気の帯電量は，物質の絶縁抵抗が大きいものほど**多く**なります。

⑶　静電気は異種物体の接触やはく離によって，一方が正，他方は負の電荷

を帯びるときに発生し，2つの物体の種類および組み合わせによって，発生する静電気の大きさや極性が異なります。

(4) 導電率が低いということは，絶縁抵抗が大きいということであり，そのような液体が配管を流れるときは，静電気が発生しやすくなるので，正しい。

【23】 解答 (2)

解説 導体に帯電体を近づけると，静電誘導という現象によって，導体の帯電体側には導体とは逆の電荷が帯電するので（導体の反対側には帯電体と同じ電荷が帯電する），(4)にもあるとおり，異種の電荷の間には反発ではなく，吸引力が働きます。

【24】 解答 (1)

解説 引火性液体が帯電したからと言って電気分解は起こりません（電気分解：溶液中に電極を入れて直流電流を流し，溶液中に溶けている物質をプラスとマイナスの極に移動させて分解すること）。

【25】 解答 (4)

解説 タンクへの充填作業終了後は静電気が発生しているので，(1)にあるように，静置時間を置いた後に作業を行います。

なお，(2)のボンディングとは，電気機器を電気的な破壊から防ぐために，機器の導体部分を互いに接続して接地（アース）と接続し，電位を等しくして，放電を起こさないようにする措置のことです（感電や機器の破壊を防ぐ効果がある）。

化学の基礎知識

① 物質について　(P55　問題1〜4)

(P55　問題1〜4)

★point★

H₂
水素原子が2個結合していることを表す

分子
物質の特性を持った最小の粒子

原子
分子を構成する最小の粒子

1 物質の構成

【1】分子と原子

　たとえば，水素ガス(H_2)を小さく分割していった場合，その特性を持った状態での最小の粒子に行きつきます。これを分子といい，水素ガスの場合，水素原子2個からできています。

　また，その分子を構成する最小の粒子が原子であり，その構造の中心に**原子核**，その周囲に電子があります。

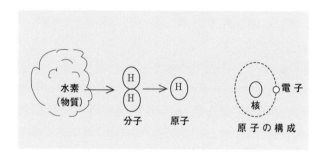

　一方，原子核は陽子と中性子からなり，陽子の数を原子番号，陽子と中性子の和を質量数といいます。

【2】元素（げんそ）

　原子には色んな種類があります。その1つ1つの種類に付けた名前を元素といい，記号（元素記号または原子記号という）を用いて表します。

　たとえば，水素の元素記号はH，炭素の元素記号はCなど。

　また，その炭素Cの元素記号を【1】の質量数と原子番号も含めて表すと，次のようになります。

　原子と元素の違いを国でたとえると，国の種類に関わらず単に"国民"という場合が原子で，国の種類という概念を入れて"日本国民"，"アメリカ国民"という場合が元素ということになります。

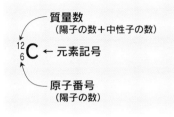

${}^{27}_{13}\mathrm{Al}$ の場合

・陽子　：13
・中性子：14
・質量数：27
（Al⇒アルミニウム）

例題　炭素Cの中性
子数は？

解説
中性子数＝質量数−
陽子数＝12−6＝6

正解　6

（式は必ず覚えること！）

2　原子量と分子量

【1】原子量

原子量

炭素Cの質量を12と定め，それと比較した各原子の質量比のことを原子量といいます（単位はありません）。

例）水素の原子量は1⇒水素原子の質量が炭素の1/12ということ。

【2】分子量

分子量

分子に含まれている元素の原子量すべて足したものを分子量といいます（単位はありません）。

例）水は H_2O ⇒　Hの原子量は1，Oの原子量は16。
したがって，分子量は 1×2 と16を足して18となります。

【3】モル（物質量）

たとえば，卵であれ，ビールであれ，その数が12個揃ったものを1ダースという言い方をします。これと同じく，どんな物質でもその粒子の数が一定数（6.02×10^{23}個）揃ったものを1mol（モル）といいます。また，物質1molの質量は，その原子量や分子量にg（グラム）を付けたものとなります。

例）酸素 O_2 の分子量は $16 \times 2 = 32$
よって酸素1モルは32gです。

なお，気体の場合，（標準状態においては）全ての気体の1molは同じ体積（22.4ℓ）となります。

3　物質の種類

　物質はその構成要素から，ただ1種類の物質からなる純物質と2種類以上の物質からなる混合物に大別できます。

物質の種類

┌ 純物質 ┬ 単体
│　　　　└ 化合物
└ 混合物

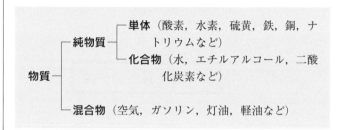

物質 ┬ 純物質 ┬ **単体**（酸素，水素，硫黄，鉄，銅，ナトリウムなど）
　　　│　　　　└ **化合物**（水，エチルアルコール，二酸化炭素など）
　　　└ **混合物**（空気，ガソリン，灯油，軽油など）

単体

・1種類の元素の物質
・水素，りん，硫黄，亜鉛など

【1】純物質

　純物質には，単体と化合物があります。

①　単体

　単体とは，1種類の元素のみで構成されている物質をいいます。

例）酸素（O_2）という物質は，酸素元素（O）のみで構成されているので単体となります。

酸素の同素体にオゾンがありますが，「両者の性状はほぼ同じ」，という出題例があり，答えは当然×になります。

☆　同素体：ダイヤモンドと黒鉛はともに炭素元素のみからなる単体ですが，その性質は異なります。このように，同じ元素からなる単体でも**性質が異なる物質どうし**を同素体といいます。

例）黄りんと赤りん，酸素とオゾンなど。

化合物

・2種類以上の元素が化合したもの
・水，エチルアルコール，二酸化炭素など

②　化合物

　化合物とは，2種類以上の元素が化学的に結合（化合という。P47，「主な化学変化」参照）してできた物質をいいます。

例）水（H_2O）という物質は，水素元素（H）と酸素元素（O）という，2つの元素が化合してできたものだから化合物となります。

☆　異性体：元素や分子式が同じ化合物であっても，分子の構造が異なるためにその性質の異なる物質どうしを異性体といいます。

分子式

・元素の種類と原

子数を表した式
・H$_2$O や CO$_2$ など

元素の種類　原子数

注意しよう！！

同素体は単体どうし，異性体は化合物どうし

【2】混合物

　混合物とは，2種類以上の物質が化学結合せずに単に混ざり合った物質をいい，その混合割合によって融点や沸点が異なってきます。

　例）空気という物質は，主に酸素（O$_2$）と窒素（N$_2$）という物質が単に混ざり合っただけのものだから混合物となります。

混合物

・2種類以上の物質が単に混合したもの
・ガソリン，食塩水，灯油など

●物質の例（出題の可能性が大きいので，よく目を通しておこう！）	
単体	アルミニウム，硫黄，カリウム，ナトリウム，酸素，マグネシウム，窒素，水素，炭素，鉄，塩素，水銀，鉛，銅，オゾン（注：鉄のさびは鉄と酸素の化合物です。）
化合物	アセトン，アルコール，アンモニア，水，食塩（塩化ナトリウム（注）：食塩水は食塩と水の混合物です！），硫酸（注：希硫酸は水と硫酸の混合物です！），二酸化炭素など
混合物	石油類（ガソリン，灯油，軽油，重油，原油など），空気，希硫酸，牛乳，海水，食塩水など

空気は混合物デス

空気
O$_2$　N$_2$ O$_2$
N$_2$　N$_2$ O$_2$

ウマイ！

❷　物質の変化　（P56　問題5〜7）

1　物理変化と化学変化の違い

【1】物理変化

　物理変化とは，物質の性質は変化せず，単に状態や形だけが変化することをいいます。

　例）

・ニクロム線に電気を通すと赤く発熱する。

　（ただ単に発熱しただけで，ニクロム線そのものは変わっていない。）

電気コード

ニクロム線が発熱しているだけ

・ドライアイスを放置すると二酸化炭素（気体）になる。

　（ドライアイスは二酸化炭素の塊だから，その状態が固体から気体に変化しただけで本質は変わっていない。）

CO₂（二酸化炭素）

固体が気体になっただけ

ドライアイス

・ガソリンの流動によって静電気が発生する。

　（流動の結果，静電気は発生するが，ガソリンそのものは変わっていない。）

ガソリン

・氷が溶けて水になる。

　（状態が固体から液体に変わっただけで，水の本質そのものは変わっていない。）

氷　⇒　水

【2】化学変化

　これに対して化学変化とは，性質そのものが変化して別の物質になる変化をいいます。

　例）

・鉄を放置すると錆びる。

　（鉄が酸化して性質が変わり，錆という別の物質に変化した。）

・水を電気分解すると水素と酸素になる。

　（水が分解されて水素と酸素という，別の物質に変化した。）

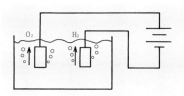

・木炭（炭素）が燃えて二酸化炭素になる。

　（炭素が酸素と結合し，二酸化炭素という別の物質に変化した。）

2　主な化学変化

【化合と分解】

① 　化合とは，2種類以上の物質が化学的に結合して全く別の物質ができる変化をいいます。

　例）水素と酸素が化合して水になる。

$$2H_2 + O_2 \rightarrow 2H_2O$$（化合によってできた水だから，水が化合物になる）

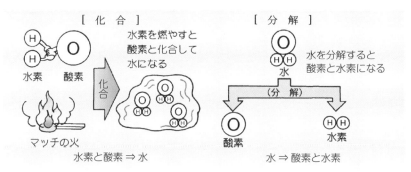

② 　これに対して分解とは，1つの物質（化合物）を2種類以上の物質に分けることをいいます。

　　⇒　化合と分解は逆の現象になります。

　例）水を（電気）分解すると水素と酸素になる。

$$2H_2O \rightarrow 2H_2 + O_2$$（水が分解されて水素と酸素になります）

❸ 化学反応 （P57　問題8〜9）

反応速度を変化させる（速くさせる）が，自身は反応後も**変化しない**物質を**「触媒」**といい，触媒を用いても反応熱は**変化しない**ので，注意してください（➡太字部分は出題例あり）。

注）
H_2：水素原子が２個結合したもの
O_2：酸素原子が２個結合したもの

1 化学式と化学反応式

【1】化学式

　元素記号を組み合わせて物質の構造を表したものを化学式といいます。異性体の説明にでてきた分子式も化学式の中の一つです。

【2】化学反応式

　化学式を用いて化学変化を表した式を化学反応式といい，次のように左右の原子の数が等しくなるように係数を定めます（$H = 1 g$, $O = 16 g$）。

例)　　　$2 H_2$　　$+$　　O_2　　$\rightarrow$　　$2 H_2O$
係数　　　　2　　　　　　1　　　　　　　2
質量　　$2 \times (1 \times 2) g$　　$16 \times 2 g$　　$2 \times (1 \times 2 + 16) g$
　　　　　$= 4 g$　　　　$= 32 g$　　　　$= 36 g$
物質量　　２モル　　　１モル　　　　２モル

エタノールの場合の反応式は，次のようになります。

出た！

$C_2H_5OH + 3O_2$
$\rightarrow 2CO_2 + 3H_2O$

⇒　この化学反応式より，質量では
「４gの水素が32gの酸素と反応して（＝燃焼して）36gの水になる」
また，物質量では

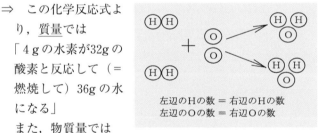

左辺のHの数 ＝ 右辺のHの数
左辺のOの数 ＝ 右辺Oの数

「２モルの水素と１モルの酸素が反応して２モルの水になる」……というのがわかります。

2 反応熱

・一般的に化学反応には熱の発生や吸収を伴いますが，その熱量を反応熱といいます。
・熱の発生を伴う化学反応を発熱反応といい，熱を吸収する化学反応を吸熱反応といいます。

最近，**反応速度**についても出題され始めているので，一言。
・化学反応は，**濃度，温度，圧力**が高いほど反応速度も**高く**なり

ます。
また，**触媒**も反応
速度を速める物質
ですが，自身は変
化しません。

〈反応熱の種類〉

① 燃焼熱：物質が完全燃焼する時に発生する熱量。
② 生成熱：単体から化合物が生成される時に発生，ま
たは吸収する熱量。
③ 分解熱：生成熱とは逆に分解する時の熱量。
④ 中和熱：酸と塩基が中和する時に発生する熱量。
⑤ 溶解熱：物質を溶媒に溶かす時の熱量。

3　熱化学方程式

化学反応式に反応熱を記し，両辺を等号で結んだ式を**熱
化学方程式**といいます。

【1】発熱反応の場合（熱を発する化学反応の場合）

反応熱に＋をつけます。

例）　　　C　　＋　　O$_2$　　＝CO$_2$＋394kJ

（炭素1モル）　（酸素1モル）　（二酸化炭素1モル）

12g　　　　　　32g　　　　　　　44g

右 の 式 の
CO$_2$ を，①
CからCO，
②そのCOからCO$_2$
を生成，という2
段階で発生させて
両式の反応熱を合
計しても，394kJ
と同じ値になりま
す。
このように，反応
熱は反応物質（C）
と生成物質（CO$_2$）
が同じなら，反応
の経路によらず，
一定の値になりま
す。これを**ヘスの
法則**といいます。

炭素1モル（12g）が酸素1モル（32g）と化合して完全燃焼すると	1モルの二酸化炭素（44g）が生成し，394kJの熱を発生する。

⇒

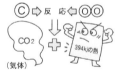

（気体）

【2】吸熱反応の場合（熱を吸収する化学反応の場合）

吸収する熱量に－をつけます。

例）　　　N$_2$　　＋　　O$_2$　　＝2NO－181kJ

（窒素1モル）　（酸素1モル）　（一酸化窒素2モル）

28g　　　　　　32g　　　　　　60g

窒素1モル（28g）が酸素1モル（32g）と化合すると	2モルの一酸化窒素（60g）が生成し，181kJの熱を吸収する。

⇒

4 酸化，還元とイオン化傾向 (P58　問題10〜15)

1 酸化と還元

酸化

酸素（O）と結びつく，または水素（H）を失う反応

⇓

〈記号の場合〉
「O」の数が増える

〈文字の場合〉
「酸」の数が増える

【1】酸化

　物質が**酸素と化合**するか，または**水素を失う**反応を酸化といいます。

　　例）・炭素（C）が燃えて二酸化炭素（CO_2）になる

　　　　　$C + O_2$　→　CO_2

　　　　　（炭素が酸素と結びついたので，「酸化」となる）

　　　　・一酸化炭素（CO）が燃えて二酸化炭素になる

　　　　　$CO + \frac{1}{2}O_2 \rightarrow CO_2$

　　　　　（一酸化炭素が酸素と結びついたので，「酸化」となる）

　なお，酸化によってできた化合物を**酸化物**といいます（⇒酸化剤ではないので注意！）

還元

酸素を失う，または水素と結びつく反応

⇓

〈記号の場合〉
「O」の数が減る

〈文字の場合〉
「酸」の数が減る

【2】還元

　【1】とは反対に，酸化物が酸素を失う，または水素と化合する反応を還元といいます。

　　例）酸化第二銅（C_UO）が水素で還元されて銅（C_U）になる。

　　　　　$C_UO + H_2$　→　$C_U + H_2O$

　　　　① C_UO が　酸素 O を失って→　銅と水になる

　　　　　または別の言い方をすると

　　　　② C_UO が　水素と化合して→　銅と水になる

　　　　　　　　　　（下線部が還元になります）

　この反応を H_2 から見ると，酸素 O と結びついて H_2O になっているので（右辺）酸化となります。つまり，C_UO から見ると還元でも H_2 から見ると酸化になります。

● このように，酸化と還元は一般に同時に起こります。

　酸化と還元を電子のやり取りから見ると，電子を失うと酸化になり，電子を受け取ると還元になります。
電子を失う⇒酸化
電子を得る⇒還元

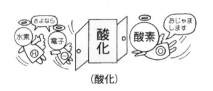

（酸化）

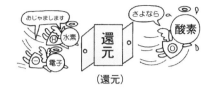

（還元）

第1編

化学の基礎知識

酸化剤
酸素，硝酸，過酸化水素など
還元剤
水素，一酸化炭素

酸化剤⇒相手に酸素を与える⇒自分の酸素は失う⇒自身は**還元**される。
還元剤⇒相手の酸素を奪う⇒自分は酸素を受け取る⇒自身は**酸化**されている。

 水素H₂は金属ではありませんが，陽イオンになろうとする性質があるのでイオン化列に含まれています。

注）
K　カリウム
Ca　カルシウム
Na　ナトリウム
Mg　マグネシウム
Al　アルミニウム
Zn　亜鉛
Fe　鉄
Ni　ニッケル
Sn　スズ
Pb　鉛
Cu　銅
Hg　水銀
Ag　銀
Pt　白金
Au　金

2　酸化剤と還元剤

　他の物質を酸化する物質を酸化剤といい，還元する物質を還元剤といいます。

　1の例でいうと，**【1】**の O_2 が酸化剤であり，**【2】**の H_2 が還元剤となります。

3　金属のイオン化傾向

　水溶液中において，金属が陽イオンになろうとする性質をイオン化傾向といいます。

　また，金属をその性質の大きい順に並べたものをイオン化列といい，次のような順になります。

（大）←カ　ソ　ウ　カ　ナ　　マ　　ア　　ア　テ　ニ　ス　ナ
　　　$K > Ca > Na > Mg > Al > Zn > Fe > Ni > Sn > Pb >$
　　　　ヒ　　　ド　　ス　　ギルハク　（シャッ）キン→（小）
　　　$(H_2) > Cu > Hg > Ag > Pt >$　　　　　$Au >$

　⇒　上に書いたカナは，一般的によく知られているゴロ合わせで，書き直すと，「貸そうかな，まあ当てにすな，ひどすぎる借金」となります。

　このイオン化傾向ですが，大きいほど（左ほど）腐食しやすいので，たとえば，鉄（Fe）の腐食を防ぐために，鉄よりイオン化傾向の大きい金属を接続し，その金属を先に腐食させることによって，鉄の腐食を遅らせることができます。

⑤ **酸と塩基**　　(P59　問題16〜17)

1　酸

酸
・溶液中でH⁺を出す
・リトマス紙は青→赤
・金属と反応し水素を発生

酸とは，水溶液の中で電離（＋と－のイオン＊に分かれること）して水素イオン（H^+）を出すものをいいます。

例）塩化水素（塩酸）の場合

$$HCl \quad \rightarrow \quad H^+ \quad + \quad Cl^-$$

（塩酸が　水に溶けて　水素イオン　と　塩素イオンを生じる）

① 水溶液は酸性を示し，青色のリトマス試験紙を赤色に変えます。

② 酸と金属が反応すると，**水素**を発生します。

＊イオン
電子（－）を放出又は受け取ることにより＋や－の電気を帯びた原子のこと

2　塩基

塩基
・溶液中でOH⁻を出す
・リトマス紙は赤→青

塩基とは，水溶液の中で電離して水酸化物イオン（OH^-）を出すものをいいます。

例）水酸化ナトリウムの場合

$$NaOH \quad \rightarrow \quad Na^+ \quad + \quad OH^-$$

（水酸化ナトリウムが　水に溶けて　ナトリウムイオンと　水酸化物イオンを生じる）

○ 水溶液はアルカリ性を示し，赤色のリトマス試験紙を青色に変えます。

こうして覚えよう！

リトマス紙の変化

信号が赤から青に変わる→歩く→アルク→アルカリ性

● **赤から青はアルカリ性**

表2　酸と塩基の比較

	酸	塩基
① 水溶液中で生じるイオン	水素イオン（H⁺）	水酸化物イオン（OH⁻）
② リトマス試験紙	青→赤	赤→青
③ 水溶液	酸 性	アルカリ性

第1編

化学の基礎知識

　なお，水に溶けた水溶液の性質を，酸は酸性とそのまま表現しますが，塩基の場合は，塩基性とも言います（が，一般的にはアルカリ性というので，注意してください）。

3　中和

塩（えん）
中和によって生じる物質のこと

　酸と塩基を混合すると，互いの性質が消失して中性の塩と水が生じます。この反応を中和といいます。

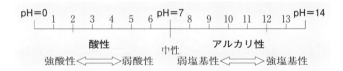

4　pH（水素イオン指数）

ピーエイチ（又はペーハー）
pHの値
・7より小→酸性
・pH＝7→中性
・7より大→
　　　アルカリ性

　pHとは，水溶液の酸性やアルカリ性（塩基性）の度合いを表す時に用いられるもので，pH7を中性とし，それより数値が大きいとアルカリ性，小さいと酸性となります。

```
pH=0  1  2  3  4  5  6  pH=7  8  9  10 11 12 13  pH=14
          酸性            中性      アルカリ性
      強酸性 ⇦⇨ 弱酸性          弱塩基性 ⇦⇨ 強塩基性
```

（例題の答）
酸性は7より小さいエリアで，中性は7なので，「7より小さく7に近いもの」が答え。

例題　次に示すイオン指数（pH）について，酸性で，かつ，中性に最も近いものはどれか。

(1) 2.0　　(2) 5.1　　(3) 6.8

(4) 7.1　　(5) 11.3

正解　(3)

有機化合物　　(P60　問題18〜19)

1　有機化合物とは？

①　一般に炭素を含む化合物を有機化合物，含まない化合物を無機化合物といいます。

②　炭素原子の結合の仕方により，鎖式化合物と環式化合物に分類されます。

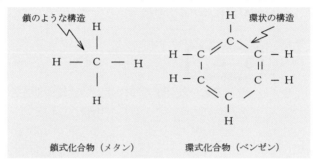

鎖のような構造

環状の構造

鎖式化合物（メタン）　　　　環式化合物（ベンゼン）

③　鎖式化合物には，エタン，メタン，アセチレンなどがあり，環式化合物には，ベンゼンやトルエンなどがあります。

2　有機化合物の特性

①　主な成分は，C（炭素），H（水素），O（酸素），N（窒素）と少ないのですが，炭素の結合の仕方により多くの化合物があります。

②　一般に共有結合による**分子**からなります。

③　一般に燃えやすく，燃焼すると二酸化炭素と水になります（不完全燃焼すると，一酸化炭素が発生する）。

④　分子に炭素の量が多いと，**すす**が多く発生する。

⑤　一般に反応速度が遅く，その反応機構は複雑で**触媒**が必要なものもある。

⑥　一般に水に溶けにくいが，有機溶媒（アルコールなど）にはよく溶けます（溶媒⇒物質を溶かして溶液を作るときに用いる液体）。

⑦　一般に，無機化合物に比べて融点および沸点が低い。

⑧　一般に静電気が発生しやすい（電気の不良導体であるため）。

⑨　第 4 類危険物のほとんどは有機化合物です。

★ hint ★

物質について

（本文→P42）

 同素体と異性体の違いを確認しておこう！

【1】 次の説明のうち，誤っているのはどれか。

(1) 同素体とは，同じ元素からできている単体どうしで性質も同じものをいう。

(2) 単体とは，1種類の元素のみで構成されている物質をいう。

(3) 化合物は，化学的な方法によって2種類以上の元素（物質）に分解できる。

(4) 混合物とは，2種類以上の物質が化学結合せずに単に混ざり合ったものをいう。

(5) 異性体とは，分子式が同じでも分子の構造が異なるためにその性質も異なる物質どうしをいう。

【2】 単体，化合物および混合物について，次のうち誤っているものはどれか。

(1) 水は酸素と水素に分解できるので化合物である。

(2) 赤リンと黄リンは，単体である。

(3) 硫黄やアルミニウムは，1種類の元素からできているので単体である。

(4) 食塩水は，食塩と水の化合物である。

(5) ガソリンは種々の炭化水素の混合物である。

 石油類は混合物です。

【3】 次の物質の組合せのうち，物質を単体，化合物，混合物の3種類に分類した場合，混合物と混合物の組合せはどれか。

(1) 灯油と酸素

(2) 硝酸と水銀

(3) 硫酸マグネシウムとメタノール

(4)　灯油と空気

(5)　蒸留水とガラス

左のコラム:

物質が単に混ざり合ったもの（混合物）なのか，それとも化学変化をしてできたもの（化合物）なのかを考えてみよう。

なお，ベンゼンやアセトンは，ガソリンや灯油などと同じく石油類です。

（P45の表参照）

【4】　単体，化合物および混合物について，次の組み合わせのうち正しいものはどれか。

	単体	化合物	混合物
(1)	ヘリウム	アセトン	塩化ナトリウム
(2)	炭素	二酸化炭素	灯油
(3)	エタノール	鉄	メタン
(4)	軽油	ベンゼン	重油
(5)	プロパン	空気	石油

物質の変化

（本文→P46）

左のコラム:

物質の状態や形だけが変わるのが物理変化なのに対し，物質の性質が変化して別の物質に変わるのを化学変化といいます。

（詳しくは【6】の解答参照）

【5】　次のうち物理変化であるのはどれか。

(1)　プロパンガスが燃えて二酸化炭素と水蒸気になった。

(2)　鉄が錆びてボロボロになる。

(3)　亜鉛板を希硫酸に浸したら水素が発生した。

(4)　過酸化水素水を放置しておいたら酸素が発生した。

(5)　ドライアイスを放置しておいたら二酸化炭素になった。

左のコラム:

その他,「ごまの種子を圧搾してごま油を作る」「水の中に砂糖を入れたら溶けた」は物理変化,「炭化カルシウムに水を加えアセチレンを作る」は化学変化になります。

【6】　次のうち化学変化であるのはどれか。

A　原油を蒸留してガソリンを作る。

B　水を電気分解すると水素と酸素になる。

C　ガソリンの流動によって静電気が発生した。

D　木炭が燃えて二酸化炭素になる。

E　水が沸騰して水蒸気になった。

(1)　A，C　　　(2)　A，B，D

(3)　B，D　　　(4)　B，D，E

(5)　B，E

【7】　物理変化および化学変化に関する説明として，次の
うち誤っているものはどれか。

(1)　炭素が燃焼して，二酸化炭素になる反応は化合である。

(2)　結晶性の物質が，空気中で粉末状になる変化を潮解という。

(3)　水素と酸素が結合して水になるのは，化合である。

(4)　化合と分解は逆の現象である。

(5)　ガソリンは種々の炭化水素の混合物である。

熱化学方程式

(本文→P49)

水素2モルが完全
燃焼して486kJの
反応熱が発生

【8】　次の熱化学方程式は，水素が完全燃焼して水（水蒸気）を生成する時のものである。

$$2H_2 + O_2 = 2H_2O + 486kJ$$

これについて次のうち誤っているのはどれか。

ただし，水素の原子量は1，酸素の原子量は16とする。

(1)　水素4gと酸素32gが化合して水蒸気36gを生成する。

(2)　水素2モルと酸素1モルが化合して水蒸気2モルを生成する。

(3)　（標準状態において）水素44.8ℓと酸素22.4ℓが化合して，水蒸気44.8ℓを生成する。

(4)　水素4モルを完全燃焼させるには酸素2モルが必要である。

(5)　水素10モルが完全燃焼すると1215kJの発熱反応がある。

このメタノールやプロパンの化学反応式については，たまに出題さ

【9】　メタノールが完全燃焼したときの化学反応式について，次の文の（　）内のA～Cに当てはまる数字および化学式の組合せとして，正しいものはどれか。

（A）CH_3OH　＋（B）O_2→2（C）＋$4H_2O$

— 57 —

れているので，化学反応式を覚えるか，または，それが難しいなら，その係数程度は覚えておいた方がよいでしょう。

	(A)	(B)	(C)
(1)	2	3	CO_2
(2)	2	3	CO
(3)	3	2	HCHO
(4)	3	2	CH_4
(5)	4	3	CO_2

酸化と還元

（本文→P50）

酸化と還元は逆の反応です。

【10】 次の酸化と還元についての記述のうち，正しいのはどれか。

(1) 物質が水素と化合するか，または酸素を失う反応を酸化という。

(2) 酸化物が酸素や水素を失う反応を還元という。

(3) 一般に酸化と還元は同時に起こらない。

(4) 物質が分解して酸素を発生した。これは還元である。

(5) 酸化とは，酸化物から酸素を奪うことである。

【11】 次のうち，下線を引いた物質が還元されているのはどれか。

A　銅が加熱されて酸化銅になる。

B　二酸化炭素が赤熱した炭素に触れて一酸化炭素になる。

C　木炭が燃えて二酸化炭素になった。

D　硫黄が硫化水素になった。

E　黄りんが燃焼して五酸化二りんになった。

酸化
⇒酸素と結合するか水素を失う反応

還元
⇒酸素を失うか水素と結合する反応

(1) A，C　　　(2) A，E

(3) B，C　　　(4) B，D

(5) B，C，E

【12】酸化について，次のうち誤っているものはどれか。

(1) 酸素と化合することである。

(2) 水素が奪われることである。

(3) 電子が奪われることである。

(4) 酸素が奪われることである。

(5) 酸化数が増加することである。

【13】次のうち誤っているのはどれか。

(1) 他の物質を酸化する物質を酸化剤という。

(2) 他の物質を還元する物質を還元剤という。

(3) 他の物質に酸素を与えるものを酸化剤という。

(4) 他の物質に水素を与えるものを還元剤という。

(5) 他の物質から酸素を奪うものを酸化剤という。

金属

この金属については，本文では省略していますが，ごくたまに出題されることがあるので，問題のみ載せてあります。

【14】金属について，次のうち正しいものはどれか。

(1) 銅は展性や延性に富むが電気や熱の伝導性は小さい。

(2) ステンレス鋼は，鉄とクロムなどの合金で，さびにくく耐薬品性が強いので，工場の配管などに用いられる。

(3) 鉄は，地殻中に多く存在し幅広く用いられるが，乾燥した空気中でも還元されてさびを生じやすい。

(4) 金属は燃焼しない。

(5) 一般に，比重が5以下のものを軽金属という。

【15】地中に埋設された危険物配管を電気化学的な腐食から防ぐのに異種金属を接続する方法がある。配管が鋼製の場合，次のうち，防食効果のある金属はいくつあるか。

亜鉛，すず，ナトリウム，マグネシウム，鉛

(1) 1つ (2) 2つ (3) 3つ (4) 4つ (5) 5つ

酸と塩基

(本文→P52)

【16】酸と塩基の説明について，次のうち誤っているものはどれか。

(1) 酸とは，水にとけて水素イオン H^+ を生じる物質，または他の物質に水素イオン H^+ をあたえることができる物質をいう。

(2) 塩基とは，水に溶けて水酸化物イオン OH⁻ を生じる物質，または他の物質から水素イオン H⁺ を受け取ることのできる物質をいう。

(3) 酸は，赤色のリトマス紙を青色に変え，塩基は，青色のリトマス紙を赤色に変える。

(4) 塩酸と水酸化ナトリウム水溶液を反応させると塩化ナトリウムと水ができるが，この反応を中和という。

(5) 塩基のpHは7より大きく，酸のpHは7より小さい。

(4)中和により生成した塩化ナトリウム水溶液の pH は 7 なので，この水溶液は**中性**です。
（本文→P53）

【17】酸と塩基について，次のうち誤っているものはどれか。

(1) 塩酸の pH は 7 より小さい。

(2) 水酸化ナトリウムの pH は 7 より大きい。

(3) 酸はすべて酸素を含む化合物である。

(4) HCl や HNO₃ は酸である。

(5) NaOH や Ca(OH)₂ は塩基である。

HClは塩酸，HNO₃は硝酸，NaOHは水酸化ナトリウム，Ca(OH)₂は水酸化カルシウムです。

有機化合物

（本文→P54）

(4)は**二酸化炭素**と**水**を答えさせる単独での出題例があるので，注意してください。

【18】有機化合物について，誤っているのはどれか。

(1) 鎖式化合物と環式化合物に大別される。

(2) 一般に静電気が発生しやすい。

(3) 無機化合物に比べて融点および沸点が高い。

(4) 炭素と水素からなる有機化合物を完全燃焼させると，二酸化炭素と水を発生する。

(5) 主成分は炭素，水素，酸素，窒素などである。

【19】有機化合物について，誤っているのはどれか。

(1) 無機化合物には水に溶けるものが多いが，有機化合物には逆に溶けないものが多い。

(2) 無機化合物には有機溶媒に溶けないものが多いが，有機化合物には逆に溶けるものが多い。

(3)は「有機化合物は，一般に**不燃性**である。」と出題されれば×になります。

(3) 無機化合物には不燃性のものが多いが，有機化合物には逆に可燃性（燃えやすい）のものが多い。

(4) ガソリン，メタン，プロパン，アンモニアなどは有機化合物である。

(5) 第4類のほとんどは有機化合物である。

お疲れさまでした。

一休み，一休み

化学の解答と解説

【1】 解答 (1)

解説 「同素体とは，同じ元素からできている単体どうし」までは正しいですが，性質は同じではなく異なっている物質どうしをいいます。

【2】 解答 (4)

解説 食塩水は，食塩と水の混合物です。
(1) 水（H_2O）は，酸素原子（O）と水素原子（H）からなる化合物なので，酸素分子（O_2）と水素分子（H_2）に分解できます。
(2) 赤リン，黄リンとも化学式がPの単体で同素体です。
(3) 硫黄（S），アルミニウム（Al）とも単体なので，正しい。
(5) 石油製品(軽油，重油など)は種々の炭化水素の混合物なので，正しい。

【3】 解答 (4)

解説 (1) 酸素は単体です。
(2) 硝酸（HNO_3）は化合物，水銀は単体です。
(3) 硫酸マグネシウム（$Mg(NO_3)_2$），メタノールとも化合物です。
(5) 蒸留水は問題 2 の(1)の水同様，化合物で，ガラスは主成分が二酸化けい素（SiO_2）という化合物です。

【4】 解答 (2)

解説 炭素は単体，二酸化炭素は化合物，灯油は混合物なので，正しい。
(1) ヘリウムは単体ですが，アセトン（CH_3COCH_3）と塩化ナトリウム（NaCl）は化合物です。
(3) エタノール（C_2H_5OH），メタン（CH_4）は化合物，鉄（Fe）は単体です。
(4) 軽油は混合物，重油も混合物です。
(5) プロパン（$CH_3CH_2CH_3$）は化合物，空気と石油は混合物です。

【5】 解答 (5)

解説 固体が気体になるのは昇華という物理変化です。

【6】 解答 (3)

解説 化学変化とは，物質の性質が変化して別の物質に変わる変化で，した

がって B，D が**化学変化**となります（D は**化合**，B は**分解**）。

　一方，**物理変化**とは物質の状態や形だけが変わる変化で，A，C，E は物質の性質は変化していないので，**物理変化**となります（A の蒸留は，液体を沸点まで加熱し，発生した蒸気を冷却して液化する操作のことをいいます）。

【7】 解答 (2)

解説　結晶性の物質が，空気中で粉末状になる変化は風解です。潮解は，固体が空気中の水分を吸収して溶ける現象です。

【8】 解答 (5)

解説　方程式を物質量と質量，および体積で表すと次のようになります。

$$2\,H_2 \quad + \quad O_2 \quad = \quad 2\,H_2O$$

物質量	水素2モル	酸素1モル	水蒸気2モル
質量	4 g	32g	36g
体積	44.8ℓ	22.4ℓ	44.8ℓ

　水素，酸素は，その原子が2個結合して分子を形成しています。その分子量（原子量を足したもの）に g をつけたものが1モルで，水素1モルは H_2 で2 g，酸素1モルは O_2 で32g，水（H_2O）1モルは18g となります。

(1)，(2)　2 H_2 は水素2モルなので4 g。O_2 は酸素1モルなので32g。2 H_2O は水2モルなので，$18 \times 2 = 36g$ となり，よって(1)，(2)は正しい内容です。

(3)　（標準状態においては）全ての気体の1モルは同じ体積（22.4ℓ）となります。したがって，(2)の問題文に1モル＝22.4ℓを代入すればそのまま(3)の文になるので，(3)も正しい内容です。

(4)　水素2モルを完全燃焼させるには酸素1モルが必要なので，これをそのまま2倍にすれば(4)の問題文になります。したがって(4)も正しい内容です。

(5)　水素2モルを完全燃焼させた場合に486kJ の熱が生じるので，10モルだとその5倍の2430kJ の発熱反応になるので，誤りです。

【9】 解答 (1)

解説　メタノールの化学反応式は次のとおりです。

$$2\,CH_3OH \quad + \quad 3\,O_2 \quad \rightarrow \quad 2\,CO_2 \quad + \quad 4\,H_2O$$

（覚え方⇒<u>メタ</u>ボの　<u>兄</u>　さん，<u>ニ</u>　<u>シン</u>　が好き）

　　メタノール　　2　　3　　2　　4

（注：問題によっては，右辺の CO_2 と H_2O が逆の順になっている場合がある）

なお，プロパン（C_3H_8）の化学反応式は，次のとおりです。

$$C_3H_8 \ + \ 5\,O_2 \ \rightarrow \ 3\,CO_2 \ + \ 4\,H_2O$$

【10】 解答 (4)

解説 (1) 酸化ではなく**還元**の説明になっています。

(2) 酸素を失うのは還元ですが，水素を失うのは酸化です。

(3) **酸化**があれば，された方は逆に還元になるので，同時に起こります。

(4) 還元とは，酸化物が酸素を失うか水素と化合する反応です。物質が分解して酸素を発生，ということは，酸化物が酸素を失ったから酸素が発生したのであり，したがって還元となります（これが正解）。

(5) 酸素を失うことは酸化とは逆の反応であり，したがって還元となります。

【11】 解答 (4) （B，Dが還元）

解説 A 反応式は，$2\,Cu+O_2\rightarrow 2\,CuO$ と「O」が結合したので，酸化になります（酸化により黒く**変色**します）。

B 反応式は，$2\,CO_2+C\rightarrow 2\,CO$ となり，「二酸」が「一酸」となって酸素（O）が減っているので，還元になります。

C 式は $C+O_2\rightarrow CO_2$。木炭 C が酸素 O_2 と結び付いたので酸化となります。

D 反応式は，$S+H_2\rightarrow H_2S$ であり，S（硫黄）が H_2（水素）と結び付いているので，したがって還元となります。

E 反応式は，$P_4+5O_2\rightarrow 2P_2O_5$ となり，酸化となります。

【12】 解答 (4)

解説 酸素が奪われるのは還元です。

(3) 物質は究極的には原子から成り立っていますが，その原子内には電子が存在しています。その電子から酸化と還元というものを見た場合，電子を失う反応を酸化といい，逆に電子を受け取る反応を還元といいます。

(5) 酸化数とは，原子内にある電子の数の増減で酸化，還元の度合いを表す指標で，増加すると酸化，減少すれば還元になります。

【13】 解答 (5)

解説 他の物質に酸素を与えるものが**酸化剤**だから，逆に酸素を奪うものは還元剤となります。

【14】 解答 (2)

解説 (1)　熱の伝導性も**大きい**金属です。

(3)　鉄は，還元ではなく，**酸化**されてさびを生じます。また，乾燥した空気中ではなく，湿気のある空気中でさびを生じやすくなります。

(4)　金属でも，第2類危険物の**鉄粉**や**金属粉**は燃焼します。

(5)　一般に，比重が4**以下**のものを軽金属といいます。

【15】 解答 (3)

解説 P51の3より，鋼（鉄）よりイオン化傾向の大きい金属（Feより左）を探せばよいので，ナトリウム，マグネシウム，亜鉛の3つになります。

【16】 解答 (3)

解説 酸はリトマス紙を青色から**赤色**に変え，塩基は赤色から**青色**に変えます。

(1)(2)　(1)を「アレニウスの定義」，(2)を「ブレンステッドの定義」と言います。

(4)　中和とは，「**酸と塩基が反応し互いにその性質を打ち消しあうこと**」をいいますが，酸と塩基が中和すると，**塩**と**水**ができ，もとの性質は失われます。

(5)　pHが小さいと，より**酸性**となり，pHが大きいと，より**塩基性**となります。pH＝7の時が**中性**となります。

【17】 解答 (3)

解説 (1)　塩酸は酸なので，pHは7より小さく，正しい。

(2)　水酸化ナトリウムは塩基なので，pHは7より大きく，正しい。

(3)　酸でも塩酸（HCl）のように，酸素（O）を含まない化合物もあり，また，硝酸（HNO_3）のように，酸素（O）を含む化合物もあります。

【18】 解答 (3)

解説 有機化合物は「**無機化合物に比べて融点および沸点が低い**」が正解です。

なお，アルコールについては，「① **第一級アルコールを酸化するとアルデヒド**（－CHO），アルデヒドを酸化すると**カルボン酸**（－COOH）になる。② **第二級アルコールを酸化すると，ケトン**（＞CO）になる。③ **第三級アルコールは酸化されにくい。**」がポイントで，たまに出題されているので，注意してください。

【19】 解答 (4)

解説 アンモニアは**無機**化合物です。

① 燃焼について　(P79　問題1〜4)

★point★

酸素の供給が不足すると生成物に**一酸化炭素**，アルデヒド，すすなどの割合が多くなります。

P49の2の吸熱反応は，酸化反応ではあっても熱の発生を伴わないので燃焼とはなりません。
このポイントに注意して下さい。

吸熱反応≠燃焼

燃焼の三要素
・可燃物
・酸素供給源
・点火源

1　燃　焼 ★★

　物質が酸素と反応して<u>酸化物</u>を生じる反応のうち，「<u>熱と光の発生を伴う酸化反応</u>」を**燃焼**といいます。

　したがって，鉄が酸化反応を起こして錆びるのは，熱と光の発生を伴いませんので燃焼とはいいません。

2　燃焼の三要素 ★★

　物質を燃焼させるためには，燃える物（可燃物）と空気（酸素供給源）およびライターなどの火（点火源）が必要です。

　この**可燃物**と**酸素供給源**および**点火源**（熱源）の三つを燃焼の三要素といい，このうちのどれ一つ欠けても燃焼は起こりません。

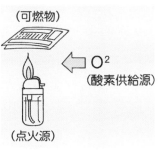

（可燃物）

O_2
（酸素供給源）

（点火源）

こうして覚えよう！

燃焼の三要素
燃焼を　さ　か　て　（逆手）にとれば消火になる
　　　　　　酸素　可燃物　点火源

　逆に，消火をするためにはこのうちのどれか一つを取り除けばよい，ということになります（⇒P74. 消火の方法）。

例題 次の物質のうち，常温，常圧の空気中で燃焼するものは？
(1)　ヘリウム
(2)　硫化水素
(3)　二酸化炭素
(4)　三酸化硫黄
(5)　五酸化二リン
（答は下）

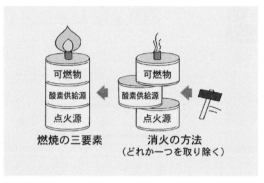

燃焼の三要素　　消火の方法
（どれか一つを取り除く）

可燃物
・燃えるもの
・有機化合物のほとんどが可燃物

【1】可燃物

　燃える物質，そのものを**可燃物**といいます。

　例）紙，木材，ガソリン，プロパン，一酸化炭素（注：二酸化炭素は不燃物なので注意！）など。

酸素供給源
・空気中の酸素
・酸素を含む物質
・可燃物の内部

酸素
・支燃性ガスである
・14〜15％以下で燃焼停止

【2】酸素供給源

・燃焼に必要な酸素を供給するものを**酸素供給源**といいます。

・酸素供給源となるものには，

　①　空気中の**酸素**

　②　酸素を供給する物質（酸化剤など）に含まれる**酸素**（加熱すると分解して酸素を出す）

　③　可燃物自体の内部にある**酸素，**

　などがあります。

・酸素は空気中に約**21％**含まれている**支燃性ガス**（物質の燃焼を助けるガス）で，その濃度が約**14〜15％以下**になると燃焼は停止します。

点火源
注）気化熱や融解熱などは点火源とはなりません

【3】点火源（熱源）

　燃焼を起こすために必要な**熱源**で，マッチなどの火気のほか，静電気などによる火花も点火源となります。

（注：本試験では「火源」という名称で出題している場合があります）

［例題の答］　　(2)

3　燃焼の種類

　燃焼とひとくちに言っても，液体や固体および気体の燃焼にはそれぞれ次のような種類があります。

【1】　液体の燃焼

・蒸発燃焼

　液面から蒸発した可燃性蒸気が空気と混合して燃える燃焼をいいます。

例）ガソリン，アルコール類，灯油，重油など

蒸発燃焼

【2】　固体の燃焼

① 　表面燃焼

　可燃物の表面だけが（熱分解も蒸発もせず）燃える燃焼をいいます。

例）木炭，コークス，金属粉

表面燃焼
表面だけが燃える

炎が出ないので無炎燃焼ともいいます。

表面燃焼

② 　分解燃焼

　可燃物が加熱されて熱分解し，その際発生する可燃性ガスが燃える燃焼をいいます。

例）木材，石炭などの燃焼

分解燃焼
熱分解で生じた可燃性ガスが燃焼する

〈覚え方〉
キセキの分解燃焼
木　石

分解燃焼

● 内部燃焼（自己燃焼）

　分解燃焼のうち，その可燃物自身に含まれている酸素によって燃える燃焼をいいます。

例）セルロイド（原料はニトロセルロース）など

内部燃焼
可燃物自身の酸素によって燃焼する

内部燃焼

③　蒸発燃焼

固体を加熱した場合，熱分解することなくそのまま蒸発して，その蒸気が燃えるという燃焼で，あまり一般的ではありません。

例）硫黄，ナフタレン，固形アルコールなどの燃焼

> 覚え方⇒蒸発して 展　なくなる。
> 　　　　　硫黄　ナフタレン

蒸発燃焼（固体）

【3】気体の燃焼

① 拡散燃焼

可燃性ガスと空気（または酸素）とが，別々に供給される燃焼。

例）ろうそくの燃焼（溶けたロウの蒸気に空気が混合して燃焼する）

② 予混合燃焼

可燃性ガスと空気（または酸素）とが，燃焼開始に先立ってあらかじめ混合される燃焼。

例）ガスバーナーやガソリンエンジンなどの燃焼

4　完全燃焼と不完全燃焼

・完全燃焼とは，空気（酸素）が十分な状態での燃焼をいい，不完全燃焼とは，不十分な状態での燃焼をいいます。

・炭素の場合でいうと，完全燃焼すれば二酸化炭素を生じますが，不完全燃焼すれば有毒な一酸化炭素が発生します。

・その二酸化炭素と一酸化炭素では，次のように性質が異なります。

（注：両者とも無色，無臭です）

〈二酸化炭素〉	〈一酸化炭素〉
燃えない（十分な酸素と結びついているため）	燃える（不十分な酸素と結びついているため）
毒性なし	有毒
水に溶ける	水にはほとんど溶けない
液化しやすく固化もしやすい	液化しにくく，固化もしにくい

② 燃焼範囲（爆発範囲）と引火点，発火点

（P80　問題5〜8）

燃焼範囲
燃焼可能な蒸気と
空気の混合割合

燃焼範囲は
**可燃性ガス
の種類**によ
り異なり，また，
同じ可燃性ガスで
も，**温度や圧力**が
高くなるほど燃焼
範囲が**広くなる**傾
向にあります。
（⇒燃焼範囲は温
度により変化す
る）

（注）
容量％を体積％，
または vol％と表
示する場合もあり
ます。
例）ガソリンの燃
　焼範囲
　1.4〜7.6vol％

下限値
燃焼範囲の最低濃度
上限値
燃焼範囲の最高濃度

（注）下限値を**下
限界**，上限値を
上限界という場
合があります。

1　燃焼範囲（爆発範囲）

　液体の蒸発燃焼においては，可燃性蒸気と空気との混合
割合が一定の濃度範囲でないと点火しても燃焼しません。
この濃度範囲を燃焼範囲といいます。

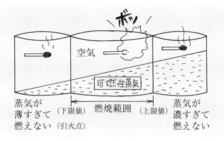

① 可燃性蒸気と空気との混合割合（＝混合気の濃度）
は，その混合気の中に蒸気が何パーセント含まれてい
るか，という**容量パーセント**で表します。すなわち，

$$混合気の容量\% = \frac{蒸気量〔\ell〕}{混合気全体〔\ell〕} \times 100$$

$$= \frac{蒸気量〔\ell〕}{蒸気量＋空気量〔\ell〕} \times 100 〔vol\%〕$$

例題　蒸気6 ℓ と空気94 ℓ の混合気の容量％は？

解説　$\frac{6}{6+94} \times 100 = \frac{6}{100} \times 100 = 6\,vol\%$　**正解**　6 vol％

② 燃焼範囲のうち，濃度が薄い方の限界を下限値，濃
い方の限界を上限値といいます。

③ 下限値の時の液体の温度が**引火点**となります。

④ 下限値が**低い**ほど，また燃焼範囲が**広い**ほど危険性
が高くなります（下限値が低いと，空気中に少し漏れ
ただけで燃焼可能となり，また燃焼範囲が広いと混合
気がより薄い状態からより濃い状態まで燃焼可能，と
なるからです）。

例題　ガソリンの蒸気10ℓに空気90ℓを混合した場合，燃焼するか。なお，ガソリンの燃焼範囲は，1.4〜7.6 vol%である。

解説

⇒　この混合気の容量%を求め，それがガソリンの燃焼範囲内にあるかを確かめます。

$$混合気の容量\% = \frac{蒸気量}{蒸気量 + 空気量} \times 100 = \frac{10}{10 + 90} \times 100$$
$$= 10\text{vol}\%$$

10vol%は燃焼範囲の7.6vol%より上，すなわち燃焼可能な濃度の上限値7.6vol%より濃い濃度になるので，よって燃焼はしません。

正解　燃焼範囲内でないので，燃焼はしない。

2　引火点と発火点

引火点とは，可燃性液体の表面に点火源をもっていった時，引火するのに十分な濃度の蒸気を液面上に発生している時の，最低の液温をいいます。

これに対して発火点とは，可燃物を空気中で加熱した場合，点火源がなくても発火して燃焼を開始する時の，最低の温度をいいます。

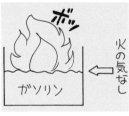

つまり，温度が引火点に達しても点火さえしなければ燃焼の危険はありませんが，発火点に達すると点火源の有無にかかわらず発火の危険が生じます。

3　燃焼点

燃焼点とは，引火後5秒間燃焼が継続する最低の温度のことをいいます。

一般的に，引火点より数℃程度高い温度となっています。

・燃焼点，引火点，発火点の関係は，

　　　引火点＜燃焼点＜発火点となっています（**重要**）。

引火点

引火可能な蒸気を発生する最低の**液温**（注：蒸気の温度ではない）

発火点（着火温度）

点火源がなくても燃え始める最低の温度

　引火点，発火点とも，その値が**低いほど危険性が大きく**なります（より低い温度で引火，及び発火するため）

— 70 —

第1編

燃焼の基礎知識

重要

①の各熱における
発火物質の例
酸化熱：天ぷらか
　　　　す，ゴム
　　　　粉，鉄粉
分解熱：ニトロセ
　　　　ルロース
吸着熱：活性炭，
　　　　木炭粉末
発酵熱：干し草，
　　　　たい肥
重合熱：スチレン

動植物油類の乾性油
酸化熱が蓄積し
て，自然発火の危
険性がある

4　自然発火

　自然発火とは，（常温において）物質が空気中で自然に発熱し，その熱が長時間蓄積されて発火点に達し，ついには燃焼を起こす現象をいいます。

　①　自然発火の原因としては，酸化熱，分解熱，吸着熱，発酵熱，などがあります。

　②　第4類の危険物で自然発火の危険性があるものは，動植物油類の乾性油です。

　例）乾性油が染み込んだ繊維などを空気中で放置しておくと，酸素と結合して発熱し（酸化熱），発火する。

例題1　次の（　）内のA〜Eに当てはまる語句を答えよ。

「自然発火とは，他から火源を与えないでも，物質が，空気中で常温（20℃）において自然に（A）し，その熱が長時間蓄積されて，ついに，（B）に達し，燃焼を起こすに至る現象である。

　自然発火を有する物質が，自然に（A）する原因として，（C），（D），吸着熱，重合熱，発酵熱などが考えられる。

（E）の中には，不飽和性のために空気中の酸素と結合しやすい放熱が不十分なとき温度が上がり，ついには発火するものがある。」

例題2　動植物油類の自然発火について，次の下線部分（A）〜（E）のうち，誤っている箇所はどれか。

「動植物油の自然発火は，油が空気中で酸化され，この反応で発生した熱が蓄積されて（A）引火点に達すると起こる。自然発火は，一般に乾きやすい油ほど（B）起こりやすく，この乾きやすさを，（C）油脂100g が吸収するヨウ素のグラム数で表したものをヨウ素価といい，脂肪酸の不飽和度が高いほど（D）ヨウ素価が小さく，ヨウ素価が大きいほど（E）自然発火しやすくなる。」

解答

例題1　A：発熱，B：発火点，C：酸化熱，D：分解熱，E：動植物油

例題2　A（発火点が正しい），D（ヨウ素価は大きくなる）

3 **燃焼の難易と物質の危険性** (P82　問題9〜11)

1　燃焼の難易

物質は，一般に次の状態ほど燃えやすくなります。

① **酸化されやすい**（⇒燃焼の3要素の酸素と結合しやすいため）。
② **空気との接触面積**が広い。
③ **可燃性蒸気**が発生しやすい。
④ **発熱量（燃焼熱）**が大きい（⇒温度上昇が早くなるため）。
⑤ **周囲の温度**が高い（⇒温度上昇が早くなるため）。
⑥ **熱伝導率**が小さい（熱が逃げにくい⇒温度が上昇⇒燃えやすい）
⑦ **水分**が少ない（乾燥している）。

2　物質の危険性

物質の危険性は，次のような特性値の大小によって判断できます。

【1】大きいほど危険性が高いもの

○燃焼上限界（燃焼範囲の上限値⇒混合気がより濃い状態まで燃焼するので）
○燃焼範囲
○燃焼速度
○蒸気圧
○燃焼熱
○火炎伝播速度（炎の伝わる速度）

【2】小さいほど危険性が高いもの

○燃焼下限界（燃焼範囲の下限値⇒混合気がより薄い状態から燃焼するので）
○引火点
○発火点
○沸点（沸点が低い→より低い温度で蒸発→可燃性蒸気が発生しやすい→揮発性が高い→危険性が高い）
○比熱（比熱が小さい→より少ない熱で温度上昇して引火点に達する）
○熱伝導率（熱伝導率が小さい→温度が上昇しやすい→引火点に達しやすい）
○最小着火エネルギー

混合危険

　2種類以上の物質が混合や接触した場合に発火や爆発するおそれのあることを**混合危険**といい，次の4つのパターンがあります。

① **酸化性物質＋還元性物質**

　　酸化性物質には第1類と第6類危険物，還元性物質には第2類と第4類危険物があります。

　　| 「第1類，第6類」＋「第2類，第4類」⇒発火，爆発 |

　　（覚え方⇒イチローが西へ行くと爆発する）

② **酸化性塩類＋強酸**

　　酸化性塩類は，第1類の**（過）塩素酸塩類，過マンガン酸塩類**などで，**硫酸**などの強酸と混合すると発火，爆発します。

③ **混合により敏感な爆発性物質をつくる場合**

　　例）アンモニア＋塩素⇒**塩化窒素**となり，衝撃で爆発する。

④ **水分との接触**

　　空気中の水分（湿気）により発火するもので，第2類危険物の金属粉や第3類危険物のカリウム，ナトリウムなどの禁水性物質などがあります。

 粉じん爆発

　粉じん爆発とは，可燃性固体＊の微粉が空気中に浮遊しているとき，何らかの火源により爆発することをいい，次のような特徴があります。
（＊鉄粉，硫黄や小麦粉など）。

① 有機物が粉じん爆発を起こした場合，**不完全燃焼**を起こしやすく，一酸化炭素が発生しやすい。

② 粉じんの粒子が小さいほど爆発しやすく，大きいほど爆発しにくい。

③ 粉じんと空気が適度に混合しているときに（⇒燃焼範囲内）粉じん爆発が起こる。

④ **閉鎖空間**ほど起こりやすい。

⑤ **最小着火エネルギー**はガス爆発よりも大きいので，ガスより**着火しにくい**。

（燃焼の基礎知識）

消火の基礎知識

1 消火の方法
（P83 問題12〜18）

★point★

消火の三要素
・除去消火
・窒息消火
・冷却消火

燃焼をするためには燃焼の三要素（可燃物，酸素供給源，点火源）が必要ですが，それを消火するには，そのうちのどれかを取り除けばよく，このような消火方法を消火の三要素といいます。

〈燃焼の三要素と消火の三要素の関係〉

燃焼の三要素		
可燃物	酸素供給源	点火源（熱源）
取り除く	取り除く	取り除く
除去消火	窒息消火	冷却消火
消火の三要素		

除去消火
可燃物を除去して
消火

ろうそくの炎を息で吹き消すのは，ろうそくの蒸気を息で除去する除去消火です。

【1】除去消火 可燃物を除去して消火をする方法です。

例）ガスの火を元栓を閉めることによって消す。（元栓を閉めることによって可燃物であるガスの供給を停止します。）

窒息消火
酸素を断って消火

【2】窒息消火 酸素の供給を断って消火をする方法です。

例）燃えている天ぷらなべに，蓋をして消す。（蓋をすることにより酸素の供給を断ちます。）

冷却消火
燃焼物を冷却し，

【3】冷却消火

燃焼物を冷却して熱源を除去し，燃焼が継続出来ないよ

熱源を取り除いて
消火

うにして消火をする方法です。

　例）水をかけて消火する。

☆　以上が消火の三要素です
　が，これに次の燃焼を抑制す
　る消火方法も加えて消火の四
　要素という場合もあります。

負触媒消火
酸化の連鎖反応を
抑えて消火。

【4】負触媒（抑制）消火

　燃焼は酸化の連鎖反応が継続したものとも言えますが，その連鎖反応をハロゲンなどの**負触媒作用**（抑制作用）によって抑えて消火をする方法を**負触媒**（抑制）**消火**といいます。

2　火災の種類

普通火災：Ａ火災
油火災　：Ｂ火災
電気火災：Ｃ火災

・火災は一般に**普通火災**（木や紙など，一般の可燃物による火災），**油火災**（引火性液体による火災），**電気火災**（変圧器やモーターなどの電気設備による火災）に分けられます。

・普通火災を**Ａ火災**，油火災を**Ｂ火災**，電気火災を**Ｃ火災**といい，消火器にはそれらの用途別に色分けした，丸い絵表示がついています。

第4類危険
物の火災は
油火災にな
ります。

普通火災用（Ａ火災）　　油火災用（Ｂ火災）　　電気火災用（Ｃ火災）
　　　白色　　　　　　　　　黄色　　　　　　　　　青色

こうして覚えよう！

消火器の標識の色
油 ⇒ 天ぷら ⇒ 黄色
電気 ⇒ イナズマ ⇒ 青

３　消火剤の種類 ★★

消火剤には次のような種類があります。

【１】水（冷却効果）

　水は安価でいたる所にあり，しかも比熱や蒸発熱（気化熱）が大きいので冷却**効果**も大きい。

【２】強化液（冷却効果・・・霧状は抑制効果もあり）

　①　強化液とは，炭酸カリウムの濃厚な水溶液のことで，霧状にすると**油火災**や**電気火災**にも使用できます。

　②　（炭酸カリウムの働きにより）消火後の再燃防止効果があり，また，不凍液なので寒冷地でも使用できます。

【３】　泡消火剤（冷却効果，窒息効果）

　①　機械泡（泡の中身は空気）と化学泡（泡の中身は二酸化炭素）があります。

　②　燃焼面を泡で覆うことによる窒息**効果**で消火します。

　③　水溶性液体の消火には**耐アルコール泡**を用います。

　④　泡消火剤には，一般的に次のような性質が必要です。

　　１．**付着性（粘着性）**を有すること。
　　２．熱に対し**安定性**があること。
　　３．油類より比重が**小さい**こと。
　　４．**加水分解**を起こさないこと。
　　５．**流動性**があること。

水
比熱や蒸発熱が大
・普通火災のみ適応
但し，霧状にすると
電気火災にも適応

強化液
・**炭酸カリウム**の
　水溶液
・棒状は普通火災
　のみだが霧状は
　全火災に適応
・消火後の**再燃防
　止効果**がある

泡消火剤
・泡による**窒息効
　果**で消火
・**電気火災**には不
　適当（泡を伝わ
　って感電するた
　め）
注）泡消火剤に要
求される性質に
「寿命が短い」や
「水と反応する」
というのはないの
で注意してくださ
い（いずれも逆で
す）。

ハロゲン化物消火剤

・**負触媒効果**と**窒息効果**で消火

・**普通火災**には不適応

二酸化炭素消火剤

・炭酸ガスによる**窒息効果**で消火

・密閉室内では酸欠になる

・**絶縁性**が良い

・**普通火災**には不適応

ABC消火剤

・主成分は**りん酸塩**

・**全火災適応**

注：抑制効果は負触媒効果ともいいます。

【4】ハロゲン化物消火剤（抑制効果，窒息効果）

　ハロゲン化物の持つ**負触媒効果**と**窒息効果**により消火します。

【5】二酸化炭素消火剤（窒息効果）

① 燃焼物を二酸化炭素（炭酸ガス）で覆うことによる**窒息効果**で消火します。

② 密閉された室内では，人が残っていると酸欠状態になる危険があるので使用は厳禁です。

③ 電気絶縁性に優れているので，電気火災に使用できる。

──（**消火粉末**ともいう）

【6】粉末消火剤（抑制効果，窒息効果）

① 粉末（ABC）消火剤

・りん酸塩を主成分とするもので，全ての火災に適応する万能消火剤です。

・一般にABC消火器として広く用いられています。

② 粉末（Na）消火剤……BC消火剤ともいう。

・炭酸水素ナトリウムを主成分とするものです。

 粉末消火剤に関しては，とりあえず全ての火災に適応する，と覚え，但し，炭酸水素塩を主成分とする方のみ普通火災には適応しない，と覚えよう。

表3　適応火災と消火効果

消火剤		主な消火効果		適応する火災		
				普通	油	電気
水	棒状	冷却		○	×	×
	霧状			○	×	○
強化液	棒状	冷却		○	×	×
	霧状	冷却	抑制	○	○	○
泡		冷却	窒息	○	○	×
ハロゲン化物		抑制	窒息	×	○	○
二酸化炭素			窒息	×	○	○
粉末	りん酸塩類	抑制	窒息	○	○	○
	炭酸水素塩類	抑制	窒息	×	○	○

（第4類危険物の火災は油火災なので，油の欄に注目！）

こうして覚えよう！

第4類危険物の火災（油火災）に不適当な消火剤

● **老いると**いやがる　**凶暴**　**な　水**
　　オイル（油）　　　　　強化液（棒状）　水

⇩

- ・強化液（棒状）
- ・水（棒状，霧状とも）

こうして覚えよう！

電気火災に不適当な消火剤（感電するため）

● **電気系統が悪い**　**アワー（OUR）**　**ボート**
　　　　　　　　　　　　泡　　　　　　　棒状

⇩

- ・泡消火剤
- ・棒状の水と強化液

★ **hint** ★

燃焼について

（本文→P65）

 P66,【2】の酸素供給源を思い出そう。

★★

【1】 燃焼に関する説明として，次のうち誤っているものはどれか。

(1) 一般に，燃焼とは，可燃物が熱と光を発しながら激しく酸化される現象をいう。

(2) 一般に，燃焼が起こるには，反応物質としての可燃物と酸化剤および反応を開始させるための点火エネルギーが必要である。

(3) 一般に，可燃性液体の燃焼では，蒸発により発生した気体が空気中の酸素と混ざり，火炎を形成する。

(4) 燃焼に必要な酸化剤として，二酸化炭素や酸化鉄などの酸化物中の酸素が使われることはない。

(5) 可燃性物質は燃焼により安定な酸化物に変わる。

 燃焼の三要素のゴロ合わせを思い出してみよう（P65）
⇒「燃焼を<u>さかて</u>にとれば消火になる」

★★

【2】 次の組み合わせのうち，燃焼の三要素がそろっているのはどれか。

(1) 亜鉛粉　　　　酸素　　　　気化熱
(2) 二酸化炭素　　水素　　　　磁気
(3) メタン　　　　空気　　　　静電気火花
(4) 一酸化炭素　　酸素　　　　融解熱
(5) 硫黄　　　　　窒素　　　　放射線

（本文→P67〜68）

 固体でも蒸発燃焼するものには，硫黄，ナフタレンともう1つあります。

★★

【3】 物質とその通常の燃焼形態の組合せとして，次のうち誤っているものはどれか。

(1) 固形アルコール…………表面燃焼

(2) ニトロセルロース………内部燃焼（自己燃焼）

　　(3)　木材………………………分解燃焼

　　(4)　コークス………………表面燃焼

　　(5)　ナフタレン……………蒸発燃焼

(本文 P67)

〈覚え方〉より

「キセキの分解燃焼」より，木材と石炭は**分解燃焼**です。

【4】　次の物質の組合せのうち，常温（20℃），1気圧において，通常どちらも蒸発燃焼するものはどれか。

　　(1)　ガソリン，硫黄

　　(2)　ニトロセルロース，コークス

　　(3)　エタノール，金属粉

　　(4)　ナフタレン，木材

　　(5)　木炭，石炭

燃焼範囲・引火点・発火点

(本文→P69)

燃焼範囲とは，可燃性蒸気と空気の混ざり具合がどれくらいの範囲のときに燃えることが可能か，というのを表した数値です。

【5】　次の文から，引火点および燃焼範囲の下限値の説明として考えられる組み合わせはどれか。

　　「ある引火性液体は，液温30℃で液面上に濃度9 vol％の可燃性蒸気を発生している。この状態で火源を近づけたところ引火した。」

	引火点	燃焼範囲の下限値
(1)	10℃	12vol%
(2)	15℃	8 vol%
(3)	20℃	10vol%
(4)	35℃	8 vol%
(5)	40℃	10vol%

【6】　次の引火点，発火点及び燃焼範囲に関する記述のうち正しいのはどれか。

　　(1)　引火点とは，可燃性液体が燃焼を継続できる最低の

（本文→P70）

引火点は点火源あり，発火点は点火源なしで燃え始めるときの液温です。
なお，(1)は燃焼点の説明になっています。

液温をいう。

(2) 引火点とは，燃焼範囲の下限値の濃度の蒸気を液面上に発生している時の蒸気温度をいう。

(3) 発火点とは，液体表面の蒸気濃度が燃焼範囲の上限値以上に達した時の液温をいう。

(4) 発火点とは，可燃物を空気中で加熱した場合，点火されなくても自ら燃え始める時の最低の温度をいう。

(5) 燃焼範囲とは，燃焼によって発生するガスの濃度範囲のことである。

第1編

燃焼・消火の問題

P69，①の混合気の容量％の式で計算した結果が1.4vol％であれば下限値となり，点火源により燃焼する，ということです。

【7】「ガソリンの燃焼範囲の下限値は1.4vol％である。」このことについて，正しく説明しているものは，次のうちどれか。

(1) 空気100ℓにガソリン蒸気1.4ℓを混合した場合は，点火すると燃焼する。

(2) 空気100ℓにガソリン蒸気1.4ℓを混合した場合は，長時間放置すれば自然発火する。

(3) 内容積100ℓの容器中に空気98.6ℓとガソリン蒸気1.4ℓとの混合気体が入っている場合は，点火すると燃焼する。

(4) 内容積100ℓの容器中に空気14ℓとガソリン蒸気1.4ℓの混合気体が入っている場合は，点火すると燃焼する。

(5) ガソリン蒸気100ℓに空気を1.4ℓ混合した場合は，点火すると燃焼する。

【8】次の性状を有する引火性液体の説明として，正しいものはどれか。

沸点	78.3℃
引火点	12.8℃
発火点	363℃

燃焼範囲	3.3～19vol%
液体の比重	0.78
蒸気比重	1.6

P70, 2の引火点や発火点の意味を思い出そう。

(1)　液温が78.3℃に加熱されても，液体の蒸気圧は標準大気圧と等しくならない。

(2)　この液体1kgの容積は，0.78ℓである。

(3)　引火するのに十分な濃度の蒸気を液面上に発生する最低の液温は12.8℃である。

(4)　炎を近づけても，液温が363℃になるまでは燃焼しない。

(5)　発生する蒸気の重さは，水蒸気の1.6倍である。

燃焼の難易

(本文→P72)

【9】一般に可燃物が最も燃えやすい条件は，次のうちどれか。

	発熱量	酸化されやすさ	周囲の温度	熱伝導率
(1)	大きい	されやすい	高い	大きい
(2)	小さい	されやすい	高い	小さい
(3)	大きい	されにくい	低い	小さい
(4)	小さい	されにくい	低い	大きい
(5)	大きい	されやすい	高い	小さい

【10】危険物の性状について，燃焼のしやすさに直接関係のない事項は，次のうちいくつあるか。

A　引火点や発火点が低いこと。

B　気化熱が大きいこと。

C　燃焼範囲が広いこと。

D　熱伝導率が大きいこと。

E　体膨張率が小さいこと。

その他,「蒸発しやすい」「酸素と結合しやすい」「含水量が低い」「空気との接触面積が大きい」なども燃焼しやすい条件になります。

(1)　1つ　　(2)　2つ　　(3)　3つ

(4)　4つ　　(5)　5つ

第1編

燃焼・消火の問題

サイコロを2つに割ると，割った部分も空気と接触するため，空気と接触する面積が増えます。

消火の基礎知識

(本文→P74)

消火の三要素
は
・除去消火
・窒息消火
・冷却消火
です。

なお，(3)の窒息効果による消火とは，酸素濃度を低下させて消火することです。

【11】金属を粉体にすると，燃えやすくなる理由として，次のうち正しいものはどれか。

(1) 熱伝導率が大きくなるから。

(2) 空気が供給されにくくなるから。

(3) 単位重量あたりの表面積が大きくなるから。

(4) 単位重量あたりの発熱量が小さくなるから。

(5) 熱を放散しやすくなるから。

【12】消火理論について，次のうち誤っているものはどれか。

(1) 燃焼の3要素のうち1つの要素を取り去っただけでは，消火することはできない。

(2) 引火性液体の燃焼は，燃焼中の液体の温度を引火点未満にすれば消火することができる。

(3) 燃焼は，可燃物の分子が次々と活性化され，連続的に酸化反応して燃焼を継続するが，この活性化した物質（化学種）から活性を奪ってしまうことを負触媒効果という。

(4) セルロイドのように分子内に酸素を含有する物質は，窒息効果による消火は有効ではない。

(5) 水は，比熱および気化熱が大きいため，冷却効果が大きい。

【13】消火の方法とその主たる消火効果について次のうち最も適切なものはどれか。

(1) マグネシウムの火災に乾燥砂をかけて消火する。
　　　　　　　　　　　　　　　　　　……………………除去消火

(2) ガスこんろの火を栓を閉めて消した。
　　　　　　　　　　　　　　　　　　……………………冷却消火

(3) 有機溶剤の火災にハロゲン化物消火剤を放射して消火した。

冷却消火は可燃物を冷却して熱源を取り除くことによって消火をします。(⇒冷却効果)

　　　　　　　　　　　　　　………………負触媒消火
　(4)　天ぷら油の火災に強化液消火剤を放射して消火した。
　　　　　　　　　　　　　　………………窒息消火
　⑸　アルコールランプにふたをして火を消した。
　　　　　　　　　　　　　　………………冷却消火

水による消
火効果は2
段階に分け
て考えてみよう。
⑴水が燃焼してい
る物質の熱を吸
収して沸点に達
するまで。
　⇒比熱が関係
⑵沸点に達した水
がさらに燃焼熱
を吸収して水蒸
気になるまで
　⇒気化熱（蒸発
熱）が関係

（本文→P76）

【14】消火剤と消火効果について，次のうち誤っているものはどれか。
　(1)　水消火剤は，比熱と蒸気熱が大きいので冷却効果があり，木材，紙，布等の火災に適するが，油火災には適さない。
　(2)　強化液消火剤は，冷却効果と燃焼を化学的に抑制する効果があるので，噴霧状で放射すると油火災にも適する。
　(3)　二酸化炭素消火剤は，不燃性の液体で空気より重く，燃焼物を覆うので窒息効果があるが，狭い空間で使用した場合には人体に危険である。
　(4)　泡消火剤は，泡によって燃焼物を覆うので，窒息効果があり，油火災に使用できるが，木材，紙，布等の火災には使用できない。
　⑸　粉末消火剤は，無機化合物を粉末にしたもので，燃焼を化学的に抑制する効果がある。

（本文→P77）

消火剤とそ
の主な消火
効果は必ず
暗記しよう！

【15】消火剤とその主な消火効果の組み合わせにおいて，次のうち正しいのはどれか。
　(1)　石油ストーブの火が燃え上がったので，霧状の強化液を使用して消火した。　………………窒息効果
　(2)　天ぷら鍋の油に火が点いたので，粉末消火剤で消火した。　………………冷却効果
　(3)　ガソリンの火災に，二酸化炭素消火剤を用いて消火

した。　　　　　　　　…………抑制効果

⑷　灯油の入ったポリタンクが燃えていたので，りん酸塩を主成分とする粉末消火剤（ABC消火剤）で消火した。　　　　　　　…………窒息効果

⑸　重油の入った容器が燃えだしたので，泡消火剤を用いて消火した。　　　　　…………除去効果

【16】二酸化炭素消火剤について，次のうち正しいものはどれか。

⑴　電気絶縁性が悪い。………………電気絶縁性が悪いので電気火災には使用できない。

⑵　消火後の汚損が少ない。…………粉末および泡消火剤のように機器等を汚損させることはない。

⑶　人体への影響はほとんどない。………化学的に分解して有害ガスを発生することはなく，また二酸化炭素そのものは無害であることから，密閉された場所で使用しても人体に対する影響はほとんどない。

⑷　長期貯蔵ができない。………………固体や液体で貯蔵できないため，ガスの状態で貯蔵するが，経年で変質しやすいため，長期貯蔵ができない。

⑸　化学的に不安定である。…………二酸化炭素は火災に熱せられると一酸化炭素となり，消火中，突然爆発することがある。

【17】次の消火剤のうち，油火災に不適なものはいくつあるか。

A　霧状の強化液

B　泡消火剤

C　霧状の水

D　ハロゲン化物消火剤

E　棒状の強化液

⑴　1つ　　　⑵　2つ　　　⑶　3つ

⑷　4つ　　　⑸　5つ

（本文→P77）

油火災に不適な消火剤のゴロ合わせ（P78）を思いだそう
⇒老いると……

（本文→P76）　**【18】消火器の泡に要求される一般的性質について，次の**
うち誤っているものはどれか。

（1）　油類より比重が小さいこと。

（2）　熱に対し安定性があること。

（3）　起泡性があること。

（4）　粘着性（付着性）がないこと。

（5）　流動性があること。

燃焼と消火の解答と解説

【1】 解答 (4)

解説 P 66，【2】の③より，燃焼には，酸化物の内部にある酸素が使われることもあります。

(3) 酸素は支燃性ガスですが，酸素自体は可燃性ではないので注意しよう！

【2】 解答 (3)

解説 燃焼の三要素は，可燃物，酸素供給源，点火源であり，それぞれの組み合わせを見ると次のようになります。

(1) 気化熱は，液体を気体に状態を変化させるだけで温度の上昇を伴わない潜熱（せんねつ）なので，点火源にはなりません。

(2) 水素は酸素供給源ではありません。また，二酸化炭素は燃えません。

(3) 燃焼の三要素がすべて揃っています。

(4) 融解熱（ゆうかいねつ）は気化熱（きかねつ）と同じく潜熱（せんねつ）なので，点火源にはなりません。

(5) 窒素（ちっそ）は酸素供給源ではなく，また，放射線は点火原ではありません。

【3】 解答 (1)

解説 固形アルコールは，硫黄，ナフタレンなどと同じく，**蒸発燃焼**です。
なお，表面燃焼は，「可燃物（固体）の表面だけが（熱分解も蒸発もせず）燃える燃焼」のことで，「**木炭などの表面燃焼では，固体の表面に空気があたり，その物体の表面で燃焼が起こる。**」という出題例もあります（⇒○）。

【4】 解答 (1)

解説 (1) ガソリン，硫黄とも**蒸発燃焼**です。

(2) ニトロセルロースは**内部燃焼**ですが，コークスは**表面燃焼**です。

(3) エタノールは**蒸発燃焼**ですが，金属粉は**表面燃焼**です。

(4) ナフタレンは**蒸発燃焼**ですが，木材は**分解燃焼**です。

(5) 木炭は**表面燃焼**ですが，石炭は**分解燃焼**です。

【5】 解答 (2)

解説 火源を近づけたら引火したことから，液温の30℃は**引火点以上**ということになるので，この液体の引火点は30℃より低い温度になります。
また，可燃性蒸気の濃度 9 vol%で引火しているので，この液体の**燃焼**

範囲の**下限値**は9vol%以下ということになります。

　従って，引火点は30℃以下なので，⑴，⑵，⑶が該当し，燃焼範囲の下限値が9vol%以下のところを探すと，⑵しかないので，これが正解となります。

【6】 解答 ⑷

解説 ⑵　引火点は，蒸気温度ではなく液温（液体の温度）をいいます。

⑶　上限値を下限値に訂正すると，引火点の説明になります。

⑸　燃焼が起こる可燃性蒸気と空気との混合割合をいいます。

【7】 解答 ⑶

解説 　条件は，空気と蒸気の混合気をP69，①の式で計算した結果の数値が1.4volであれば点火すると燃焼する，ということで，⑶が正解です。

【8】 解答 ⑶

解説 ⑴　沸点は，液体の蒸気圧＝標準大気圧の時の液温なので，誤り。

⑵　液体の比重が0.78ということは，水1ℓが1000gなので，この液体1ℓは780g。780gで1ℓなので，1kg（1000g）のときの容積（ℓ）は，1000÷780≒1.28ℓとなるので，誤りです。

⑶　引火点のことなので，12.8℃で正しい。

⑷　炎を近づけると，引火点の12.8℃になると引火します。

⑸　蒸気比重の基準は水蒸気ではなく空気なので，空気の1.6倍です。

【9】 解答 ⑸

解説 　・発熱量………P.72の上の④より，大きいほど燃えやすい。

　・酸化されやすさ……同じく①より，**酸化されやすい**ほど燃えやすい。

　・周囲の温度…………同じく⑤より，高いほど燃えやすい。

　・熱伝導率……………同じく⑥より，小さいほど燃えやすい。

以上より，⑸が正解となります。

【10】 解答 ⑶（B，D，E）

解説 　Bの気化熱とEの体膨張率は，燃焼の難易とは直接関係がありません。

　　また，Dの熱伝導率は，大きいほど熱が逃げやすくなるので，燃えにくくなります。

【11】 解答 (3)

解説 金属を粉体にすると，固まりのときより，空気と接触する部分が増えます。従って，その分，酸素が多く供給されるので，燃えやすくなります。

【12】 解答 (1)

解説 燃焼の3要素のうち1つの要素を取り去れば消火することができます。

(2) 正しい。

(3) 負触媒効果（抑制効果）の説明であり，正しい。

(4) 化合物中に酸素を含有する酸化剤（第1類や第6類の危険物）や有機過酸化物（第5類危険物のセルロイド）などは，空気を断っても自身に含まれる酸素で燃焼を継続することができるので，窒息効果による消火は有効ではありません。

【13】 解答 (3)

解説 (1)と(5)は窒息消火，(2)は除去消火，(4)は冷却消火です。

【14】 解答 (4)

解説 (2) 棒状の強化液は，冷却効果のみで普通火災にしか適しませんが，噴霧状（霧状）だと**冷却効果**と**抑制効果**により，すべての火災に適応します。

(4) 泡消火剤は，**窒息効果**のほか，冷却効果もあるので，油火災のほか木材，紙等の普通**火災**にも適応します。

【15】 解答 (4)

解説 (2)の解説参照。なお，消火剤とその主な消火効果は次の通りです。

		主な消火効果
水		冷却効果
強化液	棒状	冷却効果
	霧状	冷却効果
		抑制効果
泡		窒息効果
ハロゲン化物		抑制効果
二酸化炭素		窒息効果

粉末消火剤	抑制効果
	窒息効果

注：抑制効果は
負触媒効果とも
いいます。

(1)　霧状の強化液は冷却効果，および抑制効果です。

(2)　粉末消火剤は抑制効果と窒息効果です。

(3)　二酸化炭素消火剤は窒息効果です。

(5)　泡消火剤は窒息効果です。

【16】　解答　(2)

(1)　二酸化炭素は安定な**不燃性ガス**で，電気絶縁性もよい（＝電気を通しにくく）ので，電気火災に適応します。

(3)　問題【14】の選択肢(3)より，誤りです。

(4)　二酸化炭素消火剤は，経年で変質しにくく，長期貯蔵が可能です。

(5)　二酸化炭素消火剤は，化学的に**安定**で，**不燃性**であり，一酸化炭素になって爆発するようなことはありません。

【17】　解答　(2)

解説　P78，こうして覚えよう！のゴロ合わせ「老いるとイヤがる凶暴(強化液で棒状)な水」より，CとEが油火災に不適です。

【18】　解答　(4)

解説　粘着性がなければ，泡がつぶれてしまいます。

　　なお，その他，「加水分解を起こさないこと。」「保水性があること」などの性質も必要です。

第2編

危険物の性質
並びに
その火災予防
及び
消火の方法

（注）　第4類危険物のデーター覧表は巻末にあります。

(P111　問題1～4)

　危険物は，その性質によって1類から6類まで分類されており，その主な特性は次の表のようになっています。

	性質	状態	燃焼性	特　性
1類	酸化性固体 （火薬など）	固体	不燃性	①　そのもの自体は燃えないが，酸素を多量に含んでいて，**他の物質を酸化させる**性質がある。 ②　可燃物（第2類危険物など）と混合すると，加熱，衝撃，摩擦などにより，（その酸素を放出して）**爆発する危険**がある。
2類	可燃性固体 （マッチなど）	固体	可燃性	①　**酸化されやすい可燃性の固体**である。 ②　**着火，または引火しやすい。** ③　**燃焼が速く，消火が困難。**
3類	自然発火性 および 禁水性物質 （発煙剤など）	液体 または 固体	可燃性 （一部不燃性）	①　自然発火性物質 　⇒　空気にさらされると**自然発火**する危険性があるもの。 ②　禁水性物質 　⇒　水に触れると**発火**，または**可燃性ガスを発生**するもの。
4類	引火性液体	液体	可燃性	引火性のある液体
5類	自己反応性物質（爆薬など）	液体 または 固体	可燃性	酸素を含み，加熱や衝撃などで自己反応を起こすと，発熱または**は爆発的に燃焼**する。
6類	酸化性液体 （ロケット燃料など）	液体	不燃性	そのもの自体は燃えないが，**酸化力が強い**ので， ①　他の可燃物の**燃焼を促進**させる。 ②　可燃物と混ざると発火する恐れがある。

こうして覚えよう！

① **各類の性質**　（第4類は省略しています）

（危険物の分類をしていた）

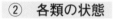

さいこうの過　去の　時　期，事故　さ　え　無かった

酸化性	固体	可燃性	固体	自然	禁水性	自己	酸化性	液体

　　1 類　　　　2 類　　　3 類　5 類　　6 類

1 類⇒酸化性固体

2 類⇒可燃性固体

3 類⇒自然発火性および禁水性物質

4 類⇒引火性液体

5 類⇒自己反応性物質

6 類⇒酸化性液体

② **各類の状態**

固体のみは 1 類と 2 類，

液体のみは 4 類と 6 類

⇒　（危険物の本を読んでいたら）

固いひと　に

固体　1 類　2 類

駅で　無　視された

液体　6　　4

③ **不燃性のもの**

燃えない　イチ　ロー

　　　　　　1 類　6 類

⇒　不燃性は 1 類と 6 類

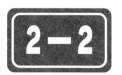

第４類に共通する特性など

★point★

1　第４類に属する危険物

危険度		主な物品名
大 ↑	特殊引火物	ジエチルエーテル，二硫化炭素など
	第１石油類	ガソリン，ベンゼン，アセトンなど
	アルコール類	メタノール，エタノール
	第２石油類	灯油，軽油など
	第３石油類	重油など
↓ 小	第４石油類	ギヤー油など
	動植物油類	アマニ油など

2　共通する性質

(P113　問題６〜12)

① 　常温で液体である。

② 　引火しやすい（沸点が低いものほど，より引火しやすく危険です。）

☆　たとえ引火点以下でも，霧状にすると引火して燃焼する危険があります。

③ 　一般に**水より軽く**（液比重が１より小さい）水に溶けないものが多い。

④ 　蒸気は**空気より重い**（蒸気比重が１より大きい）ので低所に滞留しやすく，空気とわずかに混合しても燃焼するものが多い。

⑤ 　一般的に静電気が生じやすい（生じた静電気が蓄積すると火花放電により引火する危険がある。）

⑥ 　一般に自然発火はしないが，動植物油は自然発火する。

共通する性質

・引火しやすい。
・水より軽い。
・水に溶けにくい。
・蒸気は空気より重い。
・一般的に静電気が生じやすい。
・一般に自然発火しない。

　⑤の静電気はアルコール類ではほとんど発生しません。

3　共通する火災予防および取り扱い上の注意

(P115　問題13～19)

前ページ2の性質から，次のような注意が必要になります。

4類の性質	火災予防および取り扱い上の注意
引火しやすい （2の②） ⇒	①　火気や加熱などをさける（たとえ引火しにくい液体であっても，加熱により引火しやすくなるため。） ②　容器は**若干の空間容積を確保**して（可燃性蒸気の発生を抑える為に）**密栓**をし，直射日光を避けて冷所に貯蔵する（空間容積を確保するのは液温上昇による体膨張を考慮して。また冷所に貯蔵するのは，液温が上がると引火の危険性が生じるため。） ③　布にしみ込んだものは燃えやすくはなるが，**自然発火はしないので要注意！**（一部の動植物油を除く）
蒸気は空気より重く低所に滞留しやすい （2の④）　⇒	①　通風や特に**低所の換気**を十分に行い，発生した蒸気は屋外の高所に排出する（地上に降下するあいだに薄められるため。） ②　可燃性蒸気が滞留するおそれのある場所では，火花を発生する機械器具などを使用せず，また電気設備は**防爆構造**のものを使用する。
静電気が生じやすい （2の⑤）　⇒	①　**流速を遅く**する。 ②　床面に散水するなどして**湿度を高く**する。 ③　絶縁性の高いものを使用せず，**導電性の高いもの**を使用する。 ④　**接地**をして静電気を除去する。 ⑤　その他，静電気の予防法（p27の【3】）参照

第2編

第4類に共通する特性など

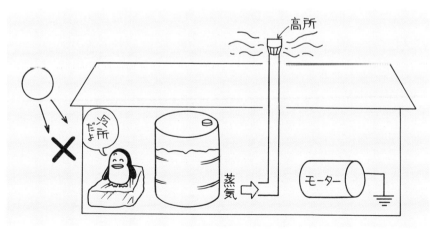

4　共通する消火の方法

（P118　問題20～25）

【1】第4類の消火に効果的な消火剤（主に窒息，および抑制効果による消火）

P76「3.消火剤の
種類」参照⇒
**(注)危険物と泡消
火剤について**
①非水溶性危険物
（水に溶けにくい
危険物のこと）
　⇩
普通泡でよい

・泡消火剤

・二酸化炭素消火剤

・霧状の強化液

・粉末消火剤

・ハロゲン化物消火剤

こうして覚えよう！

4類を消すため，泡を使って兄さん　今日も(む)　ふん　ばろう！
　　　　　　　　　泡　　　　二酸化炭素　強化液(霧)　粉末　ハロゲン

（「今日も」の「も」は「む（＝霧）」に置き換える）

②水溶性危険物
（水に溶けやすい
危険物のこと）
　⇩
【2】の耐アルコ
ール泡を用いる
水溶性危険物の例
アルコール
アセトン
アセトアルデヒド
など
第4類消火への適,不適

	棒状	霧状
水	×	×
強化液	×	○

【2】水溶性危険物の場合の消火剤

水溶性液体用泡消火剤（耐アルコール泡）を用います。
　⇒　水溶性危険物に普通泡を用いると，泡を溶かしてしまい（泡が消えてしまい）窒息効果が得られないため。

【3】第4類の消火に不適当な消火剤（P.78の上参照）

・棒状，霧状の水

・棒状の強化液
　⇒　第4類の火災（油火災）に水を用いると，油が水に浮き燃焼面積を拡大する恐れがあるため。

第4類危険物の性質

☆　表の数値は参考資料ですが，**ガソリン，灯油，軽油**などの数値は一部覚える必要があります（第4類危険物のデータ一覧表は巻末にあります）。

① 特殊引火物　(P120　問題26〜32)

特殊引火物
引火点，発火点，沸点が4類の中で**最も低く**，また**燃焼範囲**も**広い**ので，危険性が最も高い。

1気圧において

○発火点が**100℃以下**のもの
　　　　　　または
○引火点が**－20℃以下**で沸点が**40℃以下**

のものをいいます。

	ジエチルエーテル	二硫化炭素	アセトアルデヒド	酸化プロピレン
引火点℃	**－45**	－30以下	－39	－37
発火点℃	160	**90**	175	449
比重	0.71	**1.30**	0.78	0.83
沸点℃	35	46	20	35
燃焼範囲 vol%	1.9〜36.0	1.3〜50	4.0〜60.0	2.8〜37
蒸気の毒性	**麻酔性**	**有毒**	有毒	有毒
臭気	あ		り	
揮発性	あ		り	
水への溶け具合	少溶	×	溶	溶
液体の色	無　色　透　明			

ジエチルエーテル
・刺激臭（芳香）がある。
・蒸気に麻酔作用あり。
・水に少し溶ける。

1　ジエチルエーテル

〈性質〉　①　特有の甘い刺激臭（芳香）があります。
　　　　　②　蒸気には麻酔作用があります。
　　　　　③　水にはわずかしか溶けません。

・過酸化物発生で
爆発する危険

〈危険性〉① 非常に引火しやすい（引火点が第4類の中で**最も低く，かつ燃焼範囲も広い**）。

② 日光に晒されたり，または空気と長く接触すると過酸化物を生じ，それに加熱や衝撃が加わると爆発する危険性があります。

2 二硫化炭素

二硫化炭素　水

二硫化炭素と水を入れると・・・

水←水のフタ
二硫化炭素

二硫化炭素が沈んで水がフタになります

これを水中貯蔵といいます

〈性質〉① 発火点が第4類の中で最も低い（90℃）。

② **水より重い**（比重＝1.3）。

③ 特有の不快臭があります。

④ 水には溶け**ません**。

〈危険性〉① 燃焼すると有毒な二酸化硫黄（亜硫酸ガス）を発生します。

② 可燃性蒸気の発生を防ぐため，液面に水を張って**貯蔵**します。

（⇒水に**溶けず**，水より**重い**性質を利用）

アセトアルデヒド
・沸点が低く揮発しやすい。
・蒸気は有毒。
・水，アルコールによく溶ける。

3 アセトアルデヒド

⇒アセトアルデヒドを
酸化すると**酢酸**になる

〈性質〉① 果実臭があります。

② 水によく溶け，アルコールなどの有機溶剤にもよく溶けます。

〈危険性〉沸点が低く（常温に近い）揮発しやすいので，きわめて引火しやすい。

酸化プロピレン
・蒸気は有毒。
・揮発性がある。
・水，アルコールによく溶ける。

4 酸化プロピレン

〈性質〉① 発火点がきわめて高い。

② エーテル臭があります。

③ 水によく溶け，アルコールなどの有機溶剤（ジエチルエーテルなど）にもよく溶けます。

〈危険性〉皮膚に付着すると凍傷のような症状になることがあります。

② 第1石油類 (P122 問題33〜41)

☆**ガソリン**が最重要

第1石油類
1気圧において引火点が21℃未満のもの

1気圧において引火点が21℃未満のものをいいます。
☆ なお，石油類には第1石油類から第4石油類まであ
りますが，いずれも**非水溶性**（水に溶けない）と**水溶性**（水に溶ける）に分けられています。

	ガソリン	ベンゼン	トルエン	アセトン	ピリジン
引火点℃	−40以下	−11	4	−20	20
発火点℃	約300	498	480	465	482
比重	0.65〜0.75	0.88	0.87	0.79	0.98
沸点℃	40〜220	80	111	57	115.5
燃焼範囲 vol%	1.4〜7.6	1.3〜7.1	1.2〜7.1	2.15〜13.0	1.8〜12.4
蒸気の毒性		有毒	有毒		有毒
臭気	あり				
揮発性	あり				
水への溶け具合	◀─────溶けない─────▶		◀───溶ける───▶		
液体の色	無色透明（但し，自動車用ガソリンはオレンジ色に着色してある）				

第2編

第4類危険物の性質

‥‥‥‥‥‥‥‥‥ **非 水 溶 性** ‥‥‥‥‥‥‥‥‥

ガソリン
・引火点
　⇒**−40℃以下**
・発火点
　⇒**約300℃**
・燃焼範囲
　⇒**1.4〜7.6vol%**
・揮発性が強い。
・水には溶けない。

	引火点	発火点
ガソリン	−40	300
灯油	40	220

① **ガソリン** ★★

〈性質〉① 炭素数が4〜10の炭化水素の**混合物**です。
② 用途により**自動車用ガソリン，工業用ガソリン，航空機用ガソリン**に分けられ，**自動車用ガソリンはオレンジ色**に着色されています。
③ 引火点が**−40℃以下**と，きわめて低い温度でも引火します。
④ 蒸気は空気の**3〜4倍重く**，低所に滞留しやすい。
☆ 一般によく用いられている灯油や軽油とガソリンを比べた場合，その大きな違いは，引火点はガソリンの方がずっと低いのですが，発火点

第１石油類を水に沈めて手を離すと…

水に浮かびあがります

第１石油類は水より軽い
…ということがわかります。

は逆に灯油や軽油の方が低くなっていることです（左の表参照）。

〈危険性〉

① 沸点が低く揮発しやすいので，引火しやすい。

② 電気の不良導体であるため静電気が発生しやすく，詰め替え作業などの際には注意が必要です（⇒ 発生した静電気が蓄積する⇒ それが放電すると火花が発生⇒ 爆発する）。

③ 蒸気を吸入すると，頭痛やめまい等を起こすことがあります。

④ ガソリンの貯蔵タンクを修理または清掃する際は，タンク内に残っている可燃性蒸気を排出し，また，タンク内のガスを置換する場合には，不燃性ガスである窒素等を使用します。

こうして覚えよう！

ガソリンさんは　　**始終**
　　30（0）　　　　（−）40
　（発火点）　　　（引火点）
石になろうとしていた
　1.4〜7.6
　（燃焼範囲）

ベンゼンとトルエン
・芳香臭のある無色透明の液体。
・引火点は常温より低い。
・水に不溶だがアルコールなど有機溶剤には溶ける。

2　ベンゼン（ベンゾール）とトルエン（トルオール）

〈性質〉① ともに芳香族の炭化水素に属しています。

② ともに芳香臭のある無色透明の液体です。

③ 引火点はともに**常温より低い**（ベンゼンは−10℃と低い）。

④ ベンゼンの方が引火点と沸点は低く揮発性が

・蒸気は有毒で，
毒性はベンゼン
の方が強い。

大きい。

⑤　ともに水には溶けませんが，アルコールなど
の有機溶剤にはよく溶けます。

〈危険性〉ともに蒸気は有毒ですが，**毒性はベンゼンの方が
強い。**

（注）　ベンジンはベンゼンとは全く別のものです。

3　エチルメチルケトン（メチルエチルケトンともいう）

　引火点が低く（－9℃），アルコール，エーテルには溶
けますが，水には少ししか溶けない。

　なお，第5類危険物にエチルメチルケトンパーオキサイ
ドという似た名前の危険物があり，その危険物を貯蔵する
容器には通気口を設ける必要があるので，「エチルメチル
ケトンの貯蔵容器には通気口があるものを使用する」とい
う両者の混同をねらった出題があるので，注意してくださ
い（答は当然×です）。

·························· 水　溶　性 ··························

4　アセトン

アセトン
・引火点が低い
　（－20℃）。
・揮発性が大。
・水やアルコール
　などによく溶け
　る。

〈性質〉①　引火点が低く（－20℃），沸点も低いので揮発
性が大きく引火しやすい。

②　水や有機溶剤（アルコールなど）によく溶けます。

5　ピリジン

　無色で悪臭のある液体で，水や有機溶剤（アルコールな
ど）によく溶けます。

③ アルコール類 （P125　問題42〜47）

炭化水素の H（水素）を OH（水酸基）に置き換えた化合物をいいます。

常温でも引火するので注意！

100℃以下で沸騰するので揮発性が高いんだよ

	メタノール（メチルアルコール）	エタノール（エチルアルコール）
引火点℃	11	13
発火点℃	385	363
比重	0.80	0.80
沸点℃	64	78
燃焼範囲 vol%	6〜36	3.3〜19.0
蒸気の毒性	あ　り	なし（麻酔作用あり）
臭気	あ　り	
揮発性	あ　り	
水への溶け具合	溶　け　る	
液体の色	無　色　透　明	

メタノールとエタノールは非常によく似ていますが，両者を比較すると次のようになります。

引火点が常温以下ということは，「常温（20℃）で引火する危険性がある」ということです。

アルコール類にはその他，n-プロピルアルコール（n-プロパノール）やイソ-プロピルアルコール（イソ-プロパノール）などともあります。

【1】共通する点

① **引火点は常温以下**。
② 発火点は300℃以上。
③ **揮発性**が大きい
　　（沸点が100℃以下）。
④ 燃焼範囲はガソリンより広い。
⑤ 水や有機溶剤とよく溶ける。
⑥ 芳香のある**無色透明**の液体。
⑦ 燃焼した際の**炎は淡く**，非常に見えにくい。
⑧ 静電気がほとんど発生しない。
⑨ 泡消火剤を用いる時は耐アルコール泡を用いる。

【2】異なる点

① 毒性はメタノールのみにある。
② 燃焼範囲はメタノールの方が広い（⇒危険性が高い）。

❹ 第2石油類 (灯油・軽油など) （P127 問題48〜56）

（P127 問題48〜56）

1気圧において引火点が21℃以上70℃未満のものをいいます。

☆ 灯油と軽油が最重要

	灯油	軽油	キシレン	酢酸（サクサン）
引火点℃	40以上	45以上	33	39
発火点℃	約220	約220	463	463
比重	0.80	0.85	0.88	1.05
沸点℃	145〜270	170〜370	144	118
燃焼範囲 vol%	1.1〜6.0	1.0〜6.0	1.0〜6.0	4.0〜19.9
臭気	あ		り	
水への溶け具合	×	×	×	溶ける
液体の色	無色または淡紫黄色	淡黄色または淡褐色	無色	無色

第2編

第4類危険物の性質

············· 非 水 溶 性 ·············

1 灯油と軽油 ★★

（灯油と軽油は引火点などの数値が多少異なるだけで他はほとんど同じです）

〈性質〉 ① 引火点は灯油が40℃以上（40〜70℃），軽油が45℃以上（45〜70℃）で,常温では引火しません。
② 発火点は約220℃で，**ガソリンより低い**。
③ 水，アルコールには溶けません。
④ 液体の色
・灯油：無色または淡（紫）黄色
・軽油：淡黄色または淡褐色
⑤ 灯油は別名ケロシンともいいます。

〈危険性〉 ① 液温が引火点**以上**になると，ガソリンと同じくらい引火しやすくなるので，非常に危険です。
② 霧状にしたり，布にしみこませると空気との

300℃まで発火しない
220℃ 灯油 軽油 ガソリン
（発火点はガソリンより低い）
ガスコンロ

キシレン

・3つの異性体がある。

・芳香のある無色透明の液体

・水より軽い。

・常温（20℃）では引火しない。

接触面が**大きくなり，火がつきやすくなるので危険です**（ただし，**自然発火はしない**）。

③　ガソリンが混合されたものは引火しやすくなります。

④　電気の不良導体であるため静電気が発生しやすくなります。

こうして覚えよう！

灯油を知れば，　　ふつうは　　仕事はかどる

40（灯油の引火点）　　220（発火点）　　45（軽油の引火点）

「酢酸は**青い炎をあげて燃焼する**」も重要ポイントです。

クロロベンゼン

・**石油臭のある無色透明**の液体

・**水より重い**。

・**水に溶けない**がアルコール，エーテルに溶ける。

···················· 水　溶　性 ····················

2　酢酸

（氷酢酸）········低温で氷結するので氷酢酸といいます。

〈性質〉①　酢の臭いのする無色透明の液体です。

②　比重が**1より大きく，水より重い**。

③　17℃以下になると凝固します。

④　水や有機溶剤（エーテル，ベンゼン等）に溶けます。

⑤　水溶液は**弱い酸性**を示します。

⑥　食酢は，酢酸の3～5％溶液です。

〈危険性〉①　金属への腐食性が強い。

②　皮膚に触れると**火傷を起こします**。

⑤ 第3石油類　(P130　問題57〜61)

　1気圧において引火点が70℃以上200℃未満のものをいいます。(**重油**が最重要です**!!**)

常温では引火の危険性はない。

	重油	クレオソート油	グリセリン
引火点℃	60〜150	74	177
発火点℃	250〜380	336	370
比重	0.9〜1.0	1.1	1.30
沸点℃	300以上	200以上	290
臭気	あり	あり	なし
水への溶け具合	×	×	溶ける
液体の色	(暗)褐色	暗緑色か黄色	無色

注)　重油の引火点には幅があり、60℃〜となっていますが、第3石油類(70℃〜)に指定されています。

　(注：C重油の引火点は70℃以上です。)

·························· 非　水　溶　性 ··························

1　重油

　········原油を蒸留してガソリンや灯油などを分別した後の油分。

〈性質〉① 　褐色、または暗褐色の液体で、粘性がある。

重油
・褐色, 暗褐色の液体。
・引火点は60℃以上 (3種は70℃以上)
・水より軽く水や熱湯に溶けない。

② 　引火点は1種、2種が60℃以上、3種が70℃以上 (**灯油や軽油**より少し高い)で、発火点は約250〜380℃です。

③ 　一般に**水より軽く**、水や熱湯にも溶けません。

④ 　(沸点が高いので)揮発性は低い。

⑤ 　日本工業規格では動粘度により**1種(A重油)**、**2種(B重油)**、**3種(C重油)**に分類されています。

〈危険性〉① 　引火点が高いため加熱しない限り引火の危険性は小さいですが、いったん燃え始めると**燃焼温度が高い**ので、消火が大変困難となります。

灯油,軽油と同じ→ ② 　霧状にしたり、布にしみこませると空気との接触面積が増え、火がつきやすくなるので危険です。

第2編

第4類危険物の性質

③　不純物として含まれる硫黄は，燃えると有害**なガス**になります。

クレオソート油
・暗緑色，黄色の
　液体。
・水より重い。
・水に溶けない。

2　クレオソート油

………コールタールを分留する時にできる。

〈性質〉①　**暗緑色**または**黄色**の液体です。

②　水より重い。

③　水に溶けないがアルコールなどには溶ける。

〈危険性〉重油の①と②に同じです。

3　ニトロベンゼン

〈性質〉①　**無色**または**淡黄色**の液体である。

②　水より重く，水に溶けにくい。

③　特有の臭気（**芳香臭**）がある。

〈危険性〉重油の①と②に同じです。

………………………… 水　　溶　　性 …………………………

4　グリセリン

〈性質〉①粘り気のある**無色**，無臭の液体です。

②水やエタノールには溶ける。

③水よりも重い。

〈危険性〉重油の①に同じです。

5　エチレングリコール

〈性質〉グリセリンにほぼ同じ。

（不凍液に用いられ，**甘味**がある）

第４石油類　(P132　問題62〜63)

(P132　問題62〜63)

☆個別の液体について問う問題はほとんど出題されない。

第４石油類

・引火点は200℃以上。

・水より軽く水に溶けない。

・粘性があり揮発性が低い。

・１気圧において引火点が200℃以上250℃未満のものをいいます。

・ギヤー油やシリンダー油などの潤滑油，切削油(せっさくゆ)のほか，可塑剤(かそざい)なども含まれます。

〈性質〉① 引火点が200℃以上と非常に高い。

② 一般に水より軽く（重いものもある），水に溶けません。

③ ねばり気（粘性）のある液体で，常温では蒸発しにくい（揮発性が低い）。

〈危険性〉重油に準じます。すなわち，

① 加熱しない限り引火の危険性は小さいが，いったん燃え始めると燃焼温度（＝液温）が高いので消火が大変困難となります。

② 霧状にしたり，布にしみこませると火がつきやすくなります。

第２編

第４類危険物の性質

霧状にすると引火しやすくなります

ボッ

ネコびっくり

引火点以下でも…

動植物油類　　(P132　問題64〜67)

ヨウ素価とは，油脂100gに吸収するよう素のグラム数で表したもので，一般に不乾性油で100以下，乾性油で130以上，その中間の100〜130のものを半乾性油といいます。

```
小 ┌ 不乾性油
  │    ↓
  │  ヒマシ油
  │  オリーブ油
ヨ │ ┌ 半乾性油
ウ │ │    ↓
素 │ │  ゴマ油
価 │ │  ナタネ油
  │ └ 乾性油
  │    ↓
  │  アマニ油
大 └  キリ油
```

③は熱が蓄積しやすいからです。
なお，引火点の高低と自然発火は関係がないので，注意してください。

・動物の脂肉や植物の種子，もしくは果肉から抽出した液体で，1気圧において引火点が250℃未満のものをいいます。

・動植物油には乾きやすい油とそうでないものがあり，乾きやすいものから順に乾性油，半乾性油，不乾性油と分けられ，ヨウ素価（乾きやすさを表す指標で数値が大きいものほど乾きやすい）の値によって分類されています。

・また，ヨウ素価は不飽和脂肪酸が多いほど，その値が大きくなります。

> 不飽和脂肪酸が多い油⇒ヨウ素価が大きい⇒乾きやすい（**乾性油**）⇒自然発火しやすい。
> ● **乾性油に要注意！**

〈性質〉① 水より軽く，水に溶けない。

② 一般に引火点は200℃以上のものが多く，非常に高くなっています。

〈危険性〉重油に準じるほか，次のような注意が必要です。

○ アマニ油やキリ油などのヨウ素価の高い（＝不飽和脂肪酸が多い）乾性油は空気中の酸素と反応しやすく，その際発生した熱（酸化熱）が蓄積すると自然発火を起こす危険があります。

なお，次に自然発火を起こしやすい条件をまとめておきます。

① ヨウ素価が大きいほど自然発火しやすい。

② 乾性油の方が不乾性油より自然発火しやすい。

③ 油のしみ込んだ布や紙などを風通しの悪い場所に長時間積んだとき（逆に風通しのいい，つまり，換気をするほど自然発火しにくくなる。）

暗記大作戦！〜共通の特性を覚えよう〜

（注）　本書で取りあげた危険物のみです。

(1)　常温（20℃）で引火の危険性がないもの

第2石油類以降（第2石油類，第3石油類，第4石油類，動植物油類）

⇒　逆にいうと，「特殊引火物と第1石油類およびアルコール類」は常温で引火する危険性があります。

(2)　水より重いもの（比重が1より大きいもの）

二硫化炭素，ニトロベンゼン，クレオソート油，酢酸，グリセリン

(3)　蒸気の毒性に特に注意を要する危険物

ベンゼン，特殊引火物（エーテルは麻酔性），メタノール，ピリジン，トルエン

便所の蒸気は特に　目　にピリッとくる

ベンゼン　　　　　特殊引火物 メタノール ピリジン　トルエン

⑷　水に溶けるもの（水溶性のもの）

　アセトン，アルコール，アセトアルデヒド，エーテル（＝ジエチルエーテル（ただし少溶））酢酸，酸化プロピレン，グリセリン，ピリジン

ア！　エ　サ！　と　グッ　ピー　が　言いました

〰ア！　アの付くもの
〰エ　エの付くもの
〰サ！　酸の付くもの
〰グ　グリセリン
〰ピー　ピリジン

エサを早く
ちょうだい！

エサ
エサ
エサ

グッピー

（その他，第2石油類のプロピオン酸，アルコール類の2-プロパノール（イソ，プロピルアルコール）も水溶性です）

⑸　液体に色が付いているもの（無色透明でないもの）

- ・ガソリン（ただし自動車用→オレンジ色）
- ・灯油（無色または淡（紫）黄色）
- ・軽油（淡黄色または淡褐色）
- ・重油（褐色または暗褐色）
- ・クレオソート油（暗緑色または黄色）

⑹　第4類危険物で特徴のあるもの

- ・引火点が**最も低い**危険物　　　⇒ジエチルエーテル（－45℃）
- ・発火点が**最も低い**危険物　　　⇒二硫化炭素（90℃）
- ・第4類危険物は**静電気**が帯電しやすいが，水溶性危険物（アセトン，アルコール，酢酸など）は静電気が帯電しにくい。
- ・**重合**する性質がある危険物　　⇒酸化プロピレン
- ・**自然発火**のおそれがある危険物⇒動植物油類の**乾性油**

★ hint ★

危険物の分類

（本文→P92）

【1】～【4】は P92 の表から答えが導きだされます。何回も目を通しておこう！

問題文中に「すべて」が使われていると，誤りの可能性が高くなる傾向にあります。

なお，酸化剤は相手を酸化させると同時に自身は還元されます。

第 1 類や第 6 類は酸化剤（酸化性物質）であり，摩擦や衝撃に対して不安定です。

なお，(3)は「多くは」という表現なので，両方の性質を有さないものもある，という意味になります。

【1】 危険物の類ごとの一般的性状について，次のうち誤っているものはどれか。

(1) 第 1 類の危険物の多くは，酸素を含有しており，加熱，衝撃，摩擦等により分解して酸素を発生する。

(2) 第 2 類の危険物は，着火しやすく燃焼すると有毒なガスを発生するものがある。

(3) 第 3 類の危険物は，すべて水と接触すると発熱し，可燃性ガスを発生して発火する。

(4) 第 5 類の危険物の多くは，酸素を含有し，燃焼速度が大きい。

(5) 第 6 類の危険物は，すべて不燃物であるが，有機物を混ぜるとこれを酸化させて発火させ，自らは還元する。

【2】 危険物の類ごとに共通する性状について，次のうち正しいものはどれか。

(1) 第 1 類の危険物は，酸化性の固体であり，摩擦や衝撃に対して安定している。

(2) 第 2 類の危険物は，可燃性の固体または液体であり，酸化剤との混触により発火，爆発のおそれがある。

(3) 第 3 類の危険物は，固体または液体であり，多くは禁水性と自然発火性の両方を有している。

(4) 第 5 類の危険物は，自らは不燃性であるが，分解して酸素を放出する。

(5) 第 6 類の危険物は，還元性の液体であり，有機物との混触により発火，爆発のおそれがある。

自己燃焼しやすい物質，というのは自己反応性物質のことをいいます。

【3】 次の性状を有する危険物の類別として，正しいものは次のうちどれか。

「この類の危険物は，いずれも可燃性であり，また，多くは分子中に酸素を含んで自己燃焼しやすい物質で，加熱，衝撃，摩擦等により発火，爆発のおそれがある。」

(1)　第1類の危険物　　(2)　第2類の危険物

(3)　第3類の危険物　　(4)　第5類の危険物

(5)　第6類の危険物

【4】 第1類から第6類の危険物の性状について，次のうち正しいものはどれか。

(1)　引火性液体の燃焼は蒸発燃焼であるが，引火性固体の燃焼は主に分解燃焼である。

(2)　液体の危険物の比重は1より小さいが，固体の危険物の比重はすべて1より大きい。

(3)　危険物には常温（20℃）において，気体，液体および固体のものがある。

(4)　保護液として，水，二硫化炭素およびメタノールを使用するものがある。

(5)　は問題【3】を参照

(5)　分子内に酸素を含んでおり，他から酸素の供給がなくても燃焼するものがある。

【5】 流動などによって，静電気が最も帯電しにくい危険物は，次のうちどれか。

アルコール類は電気の良導体です。

(1)　トルエン　　(2)　ベンゼン

(3)　軽油　　　　(4)　ガソリン

(5)　エタノール

共通する特性

(本文→P94)

その他，「いずれも引火点を有する」という出題例もあります（いずれも○）。

【6】第4類危険物の一般的な性質として，次のうち誤っているものはどれか。

⑴　一般に静電気が発生しやすい。

⑵　一般に自然発火はしない。

⑶　一般に液体の比重は1より小さい。

⑷　一般に非水溶性の液体が多い。

⑸　一般に蒸気比重は1より小さいものが多い。

【7】第4類危険物の一般的な特性について，次のうち正しいのはどれか。

⑴　沸点や引火点が低いものほど，危険性が高い。

⑵　水溶性のものは，水で希釈すると引火点が低くなる。

⑶　一般に熱伝導率が大きいので蓄熱し，自然発火しやすい。

⑷　蒸気比重は空気より小さいので，拡散しやすい。

⑸　導電率（電気伝導度）が大きいので，静電気は蓄積しにくい。

沸点が低い，ということはより低い温度で蒸気が発生するということなので，引火しやすくなります。

電気が流れにくい物質（不良導体）ほど静電気が蓄積されやすくなります。

「容器またはタンクに危険物を収納する場合，可燃性蒸気の発生を抑制するため，液面に水を張って貯蔵する危険物は，次のうちどれか。」という出題例もあります(答は次頁)。

⑸は，p99。

1. ガソリン の☆マークのところを参照。

【8】第4類危険物の性状について，次のうち誤っているものはどれか。

⑴　すべて可燃性で，常温（20℃）では液体である。

⑵　沸点の低いものは，引火して爆発する危険性が大きい。

⑶　水に溶けないものが多いが，常温（20℃）以上に温めればすべて水溶性になる。

⑷　蒸気は空気とわずかに混合しても燃焼するものが多い。

⑸　引火点が低いものほど発火点が低いとは限らない。

（8の欄外答：
二硫化炭素⇒
P 98, ②参照）

【9】第4類危険物の一般的な性質について，次のうち正しいものはいくつあるか。

A　静電気が蓄積すると火花放電により引火する危険がある。

B　燃焼範囲の下限値が高いほど危険性も高くなる。

C　液温が発火点以上になっても，火源がなければ燃えない。

D　発生した蒸気が燃焼範囲の上限値を超えると，火源がなくても燃焼する。

(1)　1　　(2)　2　　(3)　3　　(4)　4　　(5)　なし

【10】第4類危険物の一般的性状について，次の文の（　）内のA～Dに当てはまる語句の組合せとして，正しいものはどれか。

「第4類の危険物は，引火点を有する（A）である。比重は1より（B）ものが多く，蒸気比重は1より（C）。また，電気の不導体であるものが多く，静電気が蓄積（D）」

第4類危険物は，一般的に水より**軽く**，その蒸気は空気より**重く**，**低所**に滞留しやすくなります。

	A	B	C	D
(1)	液体または固体	大きい	小さい	されやすい
(2)	液体	大きい	大きい	されにくい
(3)	液体または固体	小さい	大きい	されやすい
(4)	液体	小さい	小さい	されにくい
(5)	液体	小さい	大きい	されやすい

たとえば，ガソリンの引火点は常温以下（－40℃）ですが，可燃性蒸気が発生して引火します。

【11】第4類危険物についての記述のうち，次のうち正しいものはどれか。

(1)　アルコール類は，注水して薄めると蒸気圧が上昇し，引火点も上昇する。

(2) 常温(20℃)以下の状態であれば,可燃性蒸気は出ない。

(3) 攪拌（かくはん）などにより静電気が生じると，酸化熱により温度が上昇する。

(4) 沸点の低いものは引火点も低いものが多い。

(5) 常温（20℃）で炎を近づければ燃焼する。

まず，第4類危険物には少ないBの「水によく溶ける。」に注目しよう（⇒ P110，⑷）。

【12】次のA〜Cの性状をすべて有するものはどれか。

    A　水より軽い。

    B　水によく溶ける。

    C　引火点は0℃以下である。

(1)　二硫化炭素

(2)　トルエン

(3)　ベンゼン

(4)　酢酸

(5)　アセトアルデヒド

**火災予防および
取り扱い上の注意**

（本文→P95）

第4類危険物を貯蔵する際は，蒸気が滞留するのを防ぐ為に通風や換気に注意する必要があります。（下線部は通風，換気が必要な理由）

【13】第4類危険物に共通する火災予防及び取り扱い上の注意について，次のうち誤っているものはどれか。

(1)　揮発性の大きい危険物の屋外タンク貯蔵所には，液温の過度の上昇を防ぐため，タンク上部に散水装置を設けると良い。

(2)　空容器であっても内部に蒸気が残っている可能性があるので，取り扱いには十分注意する。

(3)　可燃性蒸気が滞留する恐れのある場所の電気設備は，防爆構造のものを使用する。

(4)　危険物を容器に詰め替えるときは，静電気の蓄積に注意する。

(5)　容器に詰め替える時は，蒸気が拡散しないよう通風換気は避ける。

第４類は水より軽いので注水しても水に浮くだけです。

【14】第４類危険物の貯蔵及び取り扱い上の注意について，次のうち正しいものはどれか。

(1)　容器に詰め替える際などに万一流出した時は多量の水で希釈する。

(2)　容器は日光の直射を避け，冷所に貯蔵する。

(3)　静電気の発生を防止するため，貯蔵場所の湿度を低く保つ。

(4)　空の容器は，内部が空気と入れ替わるよう，蓋を外して保管する。

(5)　室内で取り扱うときに発生した蒸気は，低所より高所に滞留しやすいので留意する。

【15】第４類危険物を取り扱う上での注意事項について，次のうち正しいものはどれか。

(1)　ホースや配管などで送油する際は，静電気の発生を抑えるため流速を出来るだけ速くする。

 (2)はすべての機械器具ではなく，○○を発生する機械器具が正解です。

(2)　可燃性蒸気が滞留する恐れのある場所では機械器具を使用しない。

(3)　容器に詰め替えるときは蒸気が発生しやすいので，外部に漏れないよう室内の換気を行わないようにする。

(4)　可燃性蒸気が漏れるのを防ぐため，容器には密栓をする。

(5)　導電率（電気伝導度）の良い液体は，静電気が発生しやすいので取り扱いには注意をする。

【16】第４類危険物を容器に収納する際，若干の空間容積を必要とする理由として次のうち正しいものはどれか。

 たとえば，20ℓのタンクにガソリンを入れる場合，満杯（20ℓ）に入れずに少し余裕をもたせて入れます。

(1)　運搬をする際に余裕を持たせるため。

(2)　液温を引火点以下に保つため。

(3) 液温上昇による体膨張で容器が破損するのを防ぐため。

(4) 可燃性蒸気が発生するのを防止するため。

(5) 液温上昇による静電気の発生を防止するため。

【17】 次のＡ～Ｄに当てはまる語句の組み合わせで正しい
ものはどれか。

共通する火災予防（P95）を思い出そう！

「第４類危険物の取り扱いに際しては，（Ａ）を十分に行い，発生した蒸気は屋外の（Ｂ）に排出する必要がある。また，蒸気が滞留するおそれのある場所では，（Ｃ）を発生する機械器具などを使用せず，電気設備は（Ｄ）のあるものを使用する。」

第２編
危険物の性質、火災予防、消火の方法の問題

	A	B	C	D
(1)	通風や換気	高所	火花	防爆性能
(2)	通風や換気	低所	熱	遮断機能
(3)	除湿	高所	火花	防爆性能
(4)	除湿	低所	熱	遮断機能
(5)	除湿冷房	高所	火花	防爆性能

【18】 第４類危険物を貯蔵または取り扱う上での注意事項について，次のうち誤っているものはどれか。

(1) 危険物が入っていた空容器は，内部に可燃性蒸気が残留していることがあるので，火気に注意する。

(2) 液温が上昇すると引火の危険性が大きくなる。

(3) ドラム缶の栓などを金属工具を用いて開閉しないようにする。

(4) 火気や高温体との接近を避け，可燃性蒸気が漏れないようにする。

(5)は【16】のヒント参照

(5) 第４類危険物を運搬する場合は，蒸気の発生を防ぐため容器いっぱいに詰めて密栓する。

【19】 第4類の危険物の貯蔵，取扱いに関する次の記述のうち，正しいものはどれか。

　(1)　燃焼範囲の下限値が等しい物質の場合は，燃焼範囲の上限値の大きい物質ほど危険性は大である。

　(2)　屋内の可燃性蒸気が滞留する恐れのある場所では，その蒸気を屋外の地表に近い部分に排出する。

　(3)　容器に収納して貯蔵するときは，容器に通気孔を設け，圧力が高くならないようにする。

　(4)　液体の比重の大きな物質ほど蒸気密度が小さくなるので，危険性は大である。

　(5)　静電気が蓄積しやすいので，絶縁性の高い化学繊維製のものを着用して作業する。

4類の消火方法

（本文→P96）

 第4類の火災，つまり油火災に不適当な消火剤のゴロ合わせ（P78）を思い出そう。
⇒老いるとイヤがる凶暴な水

【20】 第4類危険物の火災に適応する消火剤の効果について，次のうち誤っているものはどれか。

　(1)　泡消火剤は効果的である。

　(2)　二酸化炭素消火剤は効果的である。

　(3)　霧状の水は効果的である。

　(4)　粉末消火剤は効果的である。

　(5)　ハロゲン化物消火剤は効果的である。

 第4類の消火に効果的な消火剤のゴロ合わせ（P96）を思い出してみよう。
⇒泡を使って兄さん今日もふんばろう。
⇒その泡には，一般の泡と耐アルコール泡がありましたね。

【21】 第4類危険物の消火方法として，次のうち誤っているものはどれか。

　(1)　ガソリンの火災に二酸化炭素消火剤を用いた。

　(2)　重油の火災にハロゲン化物消火剤を用いた。

　(3)　アセトンの火災に一般の泡消火剤を用いた。

　(4)　ベンゼンの火災に，りん酸塩類の粉末消火剤を用いた。

　(5)　軽油の火災に霧状の強化液を用いた。

第2編
危険物の性質、火災予防、消火の方法の問題

一般に第4類は水より軽い（液比重が1より小さい）ので水に浮きます。

【22】第4類危険物の消火方法として水をかけるのは適当ではないが，その理由として正しいものはどれか。
(1) 発火点が下がるため。
(2) 燃焼面が拡大するため。
(3) 毒性のガスが発生するため。
(4) 引火点が下がるため。
(5) 導電率が上がるため。

第4類に不適当な消火剤は，強化液では棒状だけですが，水は？

【23】ベンゼンやトルエンの火災に使用する消火器として，次のうち適切でないものはどれか。
(1) 二酸化炭素を放射する消火器
(2) 棒状の強化液を放射する消火器
(3) 泡を放射する消火器
(4) 霧状の強化液を放射する消火器
(5) 消火粉末を放射する消火器

一般の泡消火剤を水溶性危険物に用いると，泡が溶解したり破壊されてしまって，窒息効果を得ることができません。

【24】次のA～Eの危険物が火災となった場合に使用する泡消火剤として，水溶性液体用の泡消火剤でなければ効果的に消火できないものはいくつあるか。
　　A　キシレン
　　B　酢酸
　　C　クロロベンゼン
　　D　アクリル酸
　　E　プロピオン酸
(1)　1つ　　(2)　2つ　　(3)　3つ
(4)　4つ　　(5)　5つ

【25】次に掲げる危険物のうち，水溶性液体用泡消火剤でなければ有効に消火できないものはいくつあるか。

　　A　アセトン　　　　　　B　2－プロパノール
　　C　ジェット燃料油　　　D　酸化プロピレン
　　E　エタノール

(1)　1つ　　(2)　2つ　　(3)　3つ
(4)　4つ　　(5)　5つ

特殊引火物

（本文→P97）

ここからあとの問題は巻末のデーター覧表，または本文を参照しながらまずは解いてみよう。

【26】特殊引火物の性質について，次のうち誤っているものはどれか。
(1)　比重はすべて1以下で，水より軽い。
(2)　発火点は低く，100℃以下のものもある。
(3)　引火点はすべて－20℃以下である。
(4)　沸点が低く，常温（20℃）に近いものもある。
(5)　燃焼範囲が広いので危険性が高い。

(4)の重合とは，低分子量の化合物が発熱を伴って多数結合し，分子量の大きな化合物を生じる反応のことをいい，酸化プロピレンは，重合反応を起こしやすく，その際，大量の熱を発生します。

【27】特殊引火物について，次のうち誤っているものはどれか。
(1)　ジエチルエーテルは特有の甘い刺激臭があり，燃焼範囲は広い。
(2)　二硫化炭素は無臭の液体で水に溶けやすく，かつ，水より軽い。
(3)　アセトアルデヒドは沸点が低く，非常に揮発しやすい。
(4)　酸化プロピレンは重合反応を起こして大量の熱を発生する。
(5)　二硫化炭素の発火点は100℃以下である。

【28】ジエチルエーテルの貯蔵または取扱いに関する注意事項とその理由の組合わせとして，次のうち適切なものはどれか。

	注意事項	理由
(1)	水中に保存する。	空気中で自然発火するから。
(2)	貯蔵する容器は金属製以外のものを使用する。	金属と反応して発火または爆発するおそれがあるから。
(3)	空気と触れないよう密閉容器に入れ冷暗所に貯蔵する。	過酸化物が生成し，爆発するおそれがあるから。
(4)	容器への詰め替えは流速を速くし，短時間に行う。	流速を速くすれば，静電気が発生しにくいから。
(5)	室内で取り扱う場合は，特に高所の換気を十分に行う。	発生する蒸気は空気より軽いので，高所に滞留するから。

(1)の「容器等に水を張って蒸気の発生を抑制する。」という**水中貯蔵**をするのは**二硫化炭素**です。

一般に特殊引火物の発火点は第4類の中で最も低い部類に入ります。

（本文→P98）

第4類の共通性状（P94）を思い出そう。

【29】 ジエチルエーテルと二硫化炭素について次のうち誤っているものはどれか。

(1) ジエチルエーテルは水より軽いが，二硫化炭素は水より重い。

(2) どちらも引火点，沸点とも非常に低く，きわめて引火しやすい。

(3) どちらも発火点はガソリンより高い。

(4) どちらも燃焼範囲がきわめて広い。

(5) 蒸気は，どちらも空気より重い。

【30】 二硫化炭素の性状等について，次のうち誤っているものはどれか。

(1) 色，臭気――無色透明の液体であるが，日光にあたると黄色になる。純品は，ほとんど無臭である。

(2) 貯蔵――――水より重く，水にほとんど溶けない性質を利用して，びん，缶などへの貯蔵は，二硫化炭素の表面を水で覆い更にふたを完全にして，可燃性蒸気が漏れないように（発生しないように）する。

(3) 蒸気――――空気より軽く，毒性はほとんどない。

（4）　発火―――他の第4類の危険物と比べ発火点は低く，高温の蒸気配管などに接触しただけでも発火することがある。

（5）　燃焼範囲―――約1〜50vol％と広く，点火すると青色の炎をあげて燃え，有毒な二酸化硫黄を発生する。

二硫化炭素の沸点，引火点は低いですが「水に**溶けない**」「水より**重い**」という性質を利用して水中貯蔵します。

【31】二硫化炭素を貯蔵槽に貯蔵する場合は液面に水を張って貯蔵し，また，容器（またはタンク）に収納させた場合は容器（またはタンク）を水槽に入れ水中で貯蔵するが，その理由として正しいものは次のうちどれか。

（1）　火気との接触を避けるため。

（2）　不純物の混入を防ぐため。

（3）　液温を下げるため。

（4）　他の危険物との接触を避けるため。

（5）　可燃性蒸気の発生を防ぐため。

【32】アセトアルデヒドの性状について，次のうち誤っているものはいくつあるか。

A　無色透明の液体で，酸化すると酢酸になる。

B　水，エタノールによく溶ける。

C　常温（20℃）では，引火の危険性はない。

D　空気と接触し加圧すると，爆発性の過酸化物をつくることがある。

E　熱や光で分解し，メタンと一酸化炭素になる。

（1）　1つ　（2）　2つ　（3）　3つ　（4）　4つ　（5）　5つ

第1石油類

（本文→P99）

第1石油類とは，1気圧において引火点が21℃未満のものをいいます。

【33】第1石油類の性質について，次のうち正しいものはどれか。

（1）　引火点が−20℃以下のものはない。

（2）　常温（20℃）で液体，または気体である。

（3）　アルコール類より危険性が高い。

(4) 一般にアルコールや水に溶けやすい。

(5) 水溶性のものとして，ガソリン，ベンゼン，トルエンなどがある。

【34】 ガソリンについて，次のうち誤っているものはどれか。

(1) 引火点は－40℃以下である。

(2) 発火点は100℃より低い。

(3) 燃焼範囲はおおむね1.4～7.6vol%である。

(4) 蒸気は空気の3～4倍重い。

(5) 水より軽く水に溶けない。

【35】 自動車ガソリンの性状等について，次のうち正しいものはどれか。

(1) メタンなどの天然ガスが水に溶け込んだものである。

(2) 特有な臭いは付臭剤によるものである。

(3) 発火点は200℃未満である。

(4) 燃焼範囲はおおむね1～8vol%である。

(5) 蒸気比重は1～2である。

【36】 自動車ガソリンの性状について，次のうち正しいものはどれか。

(1) 引火点は－35℃以上である。

(2) 紫色に着色されている。

(3) 比重は1より大きい。

(4) 燃焼すると，二酸化炭素と水になる。

(5) 過酸化水素や硝酸と混合すると，発火の危険性が低くなる。

P99の表参照

ガソリンのゴロ合わせを思いだそう。

(2)の付臭剤とは，プロパンガスなどに臭いをつける目的で添加する薬剤です。

(5)の過酸化水素や硝酸は第6類危険物の酸化剤です。

第2編

危険物の性質、火災予防、消火の方法の問題

自動車ガソリンの炭素数については出題例があります。

【37】 自動車ガソリンの性状について，次のうち誤っているものはどれか。

(1)　主成分は炭化水素である。

(2)　電気の不良導体であるため静電気が蓄積しやすい。

(3)　炭素数が 4 ～10の炭化水素混合物である。

(4)　不純物として，微量の有機硫黄化合物などが含まれることがある。

(5)　引火点には幅があり，おおむね－20℃～ 0 ℃の間である。

蒸気は風上から風下に流れます。

【38】 次の文の（　）内に当てはまる語句の組み合わせで，正しいものはどれか。

「屋外でガソリンを扱う場合，特に（A）に火気がないかを確認し，また，屋内で扱う場合は，蒸気が（B）に滞留して燃焼範囲になるのを防ぐため（C）を十分に行い，（D）に貯蔵する。」

	A	B	C	D
(1)	風上	高所	撹拌	密閉した場所
(2)	風下	低所	換気	冷所
(3)	風下	低所	機密性の保持	密閉した場所
(4)	風上	高所	撹拌	冷所
(5)	風下	低所	保温	密閉した場所

灯油と比べた場合，ガソリンの引火点と沸点は，かなり低くなっています。

【39】 ガソリンと灯油を比較した次の文のうち，誤っているものはどれか。

(1)　危険性に大きな差はない。

(2)　ともに水には溶けない。

(3)　揮発性はガソリンの方が高い。

(4)　燃焼範囲には大きな差はない。

(5)　引火点はガソリンの方が低いが，発火点は灯油の方が低い。

（本文→P100の2）

トルエンはベンゼンの誘導体なので性質がよく似ていますが，毒性は異なります。

【40】ベンゼンとトルエンの性状について，次のうち誤っているものはいくつあるか。

 A　いずれも芳香族炭化水素である。

 B　いずれも引火点は常温（20℃）より低く，トルエンの方がベンゼンより引火点が低い。

 C　トルエンは水に溶けないが，ベンゼンは水によく溶ける。

 D　蒸気はいずれも有毒であるが，毒性はトルエンの方が強い。

 E　いずれも無色の液体で水より軽い。

 ⑴　1つ

 ⑵　2つ

 ⑶　3つ

 ⑷　4つ

 ⑸　5つ

（本文→P99の 表，P101の4）

【41】アセトンの性状について，次のうち誤っているものはどれか。

 ⑴　水に溶けない。

 ⑵　水より軽い。

 ⑶　無色で特有の臭いがある液体である。

 ⑷　揮発しやすい。

 ⑸　アルコール，エーテル等の有機溶剤にもよく溶ける。

アルコール類

（本文→P102）

アルコール類で特に注意する点は，
・炎が見えにくい。
・普通の泡消火剤は使えず耐アルコール泡を用いる。
ということと，
・メタノールにある「毒性」です。

【42】アルコールの性状について，次のうち誤っているものはどれか。

 ⑴　無色透明の液体である。

 ⑵　蒸気は空気より重い。

 ⑶　沸点は水より高い。

 ⑷　特有の芳香を有する。

 ⑸　水と任意の割合で溶ける。

【43】 メタノール（メチルアルコール）の性状について，次のうち誤っているものはどれか。

(1) 水やエーテル類と任意の割合で混ざる。

(2) 常温（20℃）でも引火する。

(3) 燃焼範囲はエタノールより広い。

(4) 燃焼の際には黒煙を発生して燃焼する。

(5) 揮発性の無色の液体で蒸気を発生しやすい。

【44】 メタノール（メチルアルコール）の性状について，次のうち誤っているものはどれか。

(1) 引火点は常温（20℃）以下である。

(2) 沸点は水より低い。

(3) 毒性はエタノールより低い。

(4) 爆発範囲は，おおむね6〜36vol%である。

(5) 燃焼した際の炎は淡く，認識しにくい。

【45】 エタノールの性状等について，次のA〜Eのうち，正しいもののみをすべて掲げているものはどれか。

　　A　凝固点は5.5℃である。

　　B　工業用のものには，飲料用に転用するのを防ぐため，毒性の強いメタノールが混入されているものがある。

　　C　燃焼範囲は，3.3〜19.0vol%である。

　　D　ナトリウムと反応して酸素を発生する。

　　E　酸化によりアセトアルデヒドを経て酢酸となる。

(1) A，C

(2) A，D

(3) B，C，E

(4) B，D，E

(5) B，C，D，E

【46】エタノール（エチルアルコール）について，次のうち正しいものはどれか。

⑴　蒸気は有毒である。

⑵　点火すると黒煙をあげて燃焼する。

(3)水の沸点は100℃です。

⑶　沸点は水より高い。

⑷　引火点は灯油とほとんど同じである。

⑸　水や有機溶剤によく溶ける。

【47】メタノールとエタノールに共通する性状について，次のうち誤っているものはどれか。

⑴　揮発性の無色透明の液体である。

⑵　水とどんな割合にも溶ける。

⑶　蒸気に毒性があるのはメタノールの方で，また，麻酔性があるのはエタノールの方である。

⑷　引火点は，常温（20℃）より高い。

⑸　液体の比重は，１より小さい。

第２石油類

（本文→P103）

第４類の共通性状を思い出そう。

【48】灯油の性状について，次のうち誤っているものはどれか。

⑴　引火点は40℃以上である。

⑵　布にしみ込んだものは，火が着きやすい。

⑶　水より軽い。

⑷　蒸気は空気より軽い。

⑸　水に溶けない。

【49】灯油の性状について，次のうち誤っているものはどれか。

(1)　霧状となって浮遊するときは，火がつきやすい。

(2)　灯油の中にガソリンを注いでも混じり合わないため，やがては分離する。

(3)　引火点は，40℃以上である。

(4)　加熱等により引火点以上に液温が上がったときは，火花等により引火する危険がある。

(5)　発火点は，ガソリンより低い。

【50】灯油の性状について，次のA～Eのうち誤っているものを組合せたものはどれか。

　　A　無臭の液体である。

　　B　加熱等により引火点以上に液温が上がったときは，火花等により引火する危険がある。

　　C　比重は1より小さい。

　　D　蒸気比重は1より大きく，低所に滞留しやすい。

　　E　液温20℃で容易に引火する。

(1)　AとB　　(2)　AとE

(3)　BとC　　(4)　CとD

(5)　DとE

【51】灯油を貯蔵し，取り扱うときの注意事項として，次のうち誤っているものはいくつあるか。

　　A　蒸気は空気より軽いので，換気口は室内の上部に設ける。

　　B　揮発性が強いので，ガス抜き口を設けた貯蔵容器を用いなければならない。

　　C　常温（20℃）で容易に分解し，発熱するので，冷所に貯蔵する。

　　D　直射日光により過酸化物を生成するおそれがあるので，容器に日覆いをかけておく。

　　E　空気中の湿気を吸収して，爆発するので，容器に不燃性ガスを封入する。

第2石油類
は引火点が21℃以上70℃未満のものをいいます。

第4類に共通する性質を思い出してみよう。

Aは，第4類に共通する性質を思い出してみよう。

(1)　1つ　　(2)　2つ　　(3)　3つ

(4)　4つ　　(5)　5つ

【52】軽油についての説明で，次のうち誤っているものはどれか。

(1)　淡黄色または淡褐色の液体である。

(2)　水より軽く，水に浮く。

(3)　引火点は常温（20℃）より低い。

(4)　ガソリンが混合されたものは引火の危険性が高くなる。

(5)　ディーゼル機関等の燃料に用いられる。

第4類に共通する性質を思い出そう。

【53】灯油と軽油に共通する性状として，次のうち誤っているものはどれか。

(1)　燃焼範囲はほぼ同じである。

(2)　発火点は100℃より低い。

(3)　静電気が蓄積されやすい。

(4)　霧状にすると引火しやすくなる。

(5)　水より軽く，水に溶けない。

(3)と(5)は第4類に共通する性質です。

【54】キシレンの性状について，次のうち誤っているものはどれか。

(1)　3つの異性体が存在する。

(2)　芳香臭がある。

(3)　無色の液体である。

(4)　水によく溶ける。

(5)　水よりも軽い。

P 104の欄外，
P 110の(4)を参照

第2編
危険物の性質、火災予防、
消火の方法の問題

P109,暗記大作戦の「(2)水より重いもの」。「(4)水に溶けるもの」に酢酸が入っていたかを思い出してみよう。

【55】酢酸について，次のうち誤っているものはどれか。

(1)　無色透明の液体で，水より軽く，水に溶けない。

(2)　エーテル，ベンゼンなどの有機溶媒に溶ける。

(3)　17℃以下になると凝固する。

(4)　刺激性の臭気を有し，金属への腐食性が強い。

(5)　水溶液は弱い酸性で腐食性を有する。

【56】アクリル酸の性状について，次のうち誤っているものはいくつあるか。

重合とは，低分子量の化合物が発熱を伴って多数結合し，分子量の大きな化合物を生じる反応のことをいい，特殊引火物の酸化プロピレンも重合反応を起こしやすい物質です。

A　無色透明の液体で重合しやすく，市販されているものには重合防止剤が含まれている。

B　酸化性物質と混触しても，発火・爆発のおそれはない。

C　水やエーテルには溶けない。

D　液体は素手で触れても安全であり，蒸気も無毒である。

E　融点が14℃なので，凍結して保管する。

(1)　1つ　　(2)　2つ　　(3)　3つ

(4)　4つ　　(5)　5つ

第3石油類

第3石油類で比重が1より小さいのは重油のみです。

【57】第3石油類について，次のうち正しいものはどれか。

(1)　グリセリンとニトロベンゼンの比重は1より小さい。

(2)　クレオソート油は，木材の防腐剤等に用いられている。

(3)　グリセリンは無味無臭で，2価のアルコールである。

(4)　ニトロベンゼンは空気中で自然発火する。

(5)　グリセリンは，車の不凍液に利用されている。

【58】重油の性状について，次のうち誤っているものはどれか。

(1)　褐色または暗褐色の粘性のある液体である。

(2)　種類により引火点は若干異なる。

(3)　揮発性が高いので引火に対しての注意が必要である。

(4)　不純物として含まれている硫黄は，燃えると有毒ガス（亜硫酸ガス）になる。

(5)　種々の炭化水素の混合物である。

重油の沸点は300℃以上，引火点は，1種，2種が60℃以上，3種が70℃以上です。

【59】 重油について，次のうち正しいものはどれか。

(1) 引火点は灯油や軽油より高い。

(2) 水よりわずかに重い。

(3) 加熱しても危険はない。

(4) 水やアルコールなどによく溶ける。

(5) 液温が引火点以下だと，どんな状態でも引火することはない。

・灯油の引火点
　→40℃以上
・軽油の引火点
　→45℃以上

第2編
危険物の性質、火災予防、消火の方法の問題

【60】 重油について，次のうち誤っているものはどれか。

(1) 日本工業規格では1種（A重油），2種（B重油），3種（C重油）に分類されている。

(2) 発火点は約250〜380℃である。

(3) 水に溶けないが熱湯には溶ける。

(4) 布にしみこませると火がつきやすくなる。

(5) 火災時には窒息消火が効果的である。

「発火点は70〜150℃である」という出題例が多いので，注意してください（「70〜150℃」というのは，C重油の**引火点**です）。

【61】 次の文の（　）内のA〜Cに当てはまる語句の組み合わせとして正しいものはどれか。

「重油の引火点は（A）と高く，加熱しない限り引火の危険性は小さいが，いったん燃え始めると（B）が高くなり，消火が大変困難となる。また，その際発生するガスは不純物として含まれる硫黄によるもので，人体には（C）である。」

C重油の引火点は，**70〜150℃**なので，要注意。

	A	B	C
(1)	約200℃以上	室温	無害
(2)	約60〜150℃	燃焼温度	無害
(3)	約300℃以上	湿球温度	有害
(4)	約400℃以上	乾球温度	無害
(5)	約60〜150℃	燃焼温度	有害

第４石油類

(本文→P107)

第４石油類とは，引火点が200℃以上250℃未満のものをいいます。

【62】 第４石油類の性状について，次のうち誤っているものはどれか。

(1) 一般に水より軽いが，重いものもある。

(2) 引火点が200℃以上なので引火の危険性は低い。

(3) ギヤー油やシリンダー油などの潤滑油のほか可塑剤なども含まれる。

(4) 常温（20℃）では蒸発しにくい。

(5) 水に溶けやすいものが多い。

【63】 次の下線部Ａ～Ｅのうち，誤っているのはどれか。

第４類の消火に不適当な消火剤を思い出そう。
⇒強化液は棒状のみ。水は？

「第４石油類は(A)粘性のある揮発しにくい液体で，(B)重油と同様，加熱しない限り引火の危険性は小さいが，いったん燃え始めると (C)液温が高いので消火が大変困難となる。消火には （D）二酸化炭素や粉末などの消火剤のほか，（E）棒状注水も有効である。

(1) Ａ

(2) Ｂ

(3) Ｃ

(4) Ｄ

(5) Ｅ

動植物油類

(本文→P108)

動植物油の引火点は250℃未満です。

ヨウ素価の大きい順に，乾性油，半乾性油，不乾性油があります。

【64】 動植物油類についての説明で，次のうち誤っているのはどれか。

(1) 一般に水より軽く，水に溶けない。

(2) 一般に引火点は200℃以上のものが多い。

(3) ヨウ素価の値によって乾性油，半乾性油，不乾性油と分けられている。

(4) 乾性油の方が不乾性油より自然発火しにくい。

(5) 不飽和脂肪酸が多いほどヨウ素価が大きい。

危険物の性質，火災予防，消火の方法の問題

不飽和とは，飽和していない，という意味で，まだ他の原子と結合できるので，不飽和脂肪酸は水素と付加（結合すること）することができます。

【65】動植物油類の性状等について，次のうち正しいものはどれか。

(1) 比重は 1 より大きく，水には溶けやすい。

(2) 不飽和脂肪酸で構成される油脂に水素を付加させて作った硬化油と呼ばれ，マーガリンなどの食品に用いられる。

(3) オリーブ油やツバキ油は，塗料や印刷インクなどに用いられる。

(4) ヨウ素価の大きい油脂には，炭素の二重結合（C＝C）が多く含まれ，空気中では酸化されにくく，固化しにくい。

(5) 油脂の沸点は，油脂を構成する脂肪酸の炭素原子の数が少ないほど高い。

【66】動植物油（以下「油」という。）について，次のうち，最も自然発火を起こしやすいものはどれか。

(1) 容器に入った油が，長時間日光にさらされたとき。

(2) 容器の油に不乾性油を混合したとき。

(3) 油の入った容器にふたをしておかなかったとき。

(4) 容器に入った油を湿気の多い所に貯蔵したとき。

(5) 容器からこぼれた油が染み込んだぼろ布などを，風通しの悪い場所に長い間積んでおいたとき。

【67】次の自然発火についての記述のうち，誤っているのはどれか。

(1)不飽和脂肪酸が多いほどヨウ素価が大きくなります。

(1) 不飽和脂肪酸が多いほど自然発火しやすい。

(2) 貯蔵中は，室内の換気をよくするほど自然発火しにくい。

(3) ヨウ素価の大きさと自然発火は関係がない。

(4) 自然発火は酸化熱が蓄積して起こる。

(5) 乾性油をぼろ布にしみ込ませて放置すると，自然発火を起こす危険性がある。

— 133 —

**共通の特性
（暗記大作戦）**

**水より重い
もの**のゴロ
は
⇓
水に沈んだニンニ
ク　さぐる

【68】　次のうち，水より重いもの（液比重が1以上のもの）
　　　のみの組み合わせはどれか。
　（1）　重油，酸化プロピレン，二硫化炭素
　（2）　ジエチルエーテル，酢酸，アセトアルデヒド
　（3）　ニトロベンゼン，クレオソート油，トルエン
　（4）　アセトン，二硫化炭素，メタノール
　（5）　ニトロベンゼン，二硫化炭素，クレオソート油

（本文→P110の(4)）

**水に溶ける
もの**のゴロ
は
⇓
ア！エサ！とグッ
ピーが言いました

【69】　次の危険物のうち，水によく溶けるものの組み合わ
　　　せで，正しいのはどれか。
　（1）　ピリジン，ジエチルエーテル，クレオソート油
　（2）　アセトン，エタノール，軽油
　（3）　酸化プロピレン，ベンゼン，酢酸
　（4）　アセトアルデヒド，酸化プロピレン，アセトン
　（5）　ガソリン，メタノール，二硫化炭素

（引火点，沸点の大小）
小　特殊引火物
　｜　第1石油類
　｜　アルコール類
　｜　第2石油類
　｜　第3石油類
　↓　第4石油類
大　動植物油類

【70】　次の組み合わせのうち，引火点が低いものから高い
　　　ものへ順に並んでいるのはどれか。

	（低い）	⟶	（高い）
A	アセトアルデヒド	メタノール	ギヤー油
B	ベンゼン	二硫化炭素	グリセリン
C	ガソリン	アセトン	アセトアルデヒド
D	ジエチルエーテル	ベンゼン	クレオソート油
E	トルエン	軽油	シリンダー油

(1)　A，C

(2)　A，D

(3)　A，D，E

(4)　B，D

(5)　C，D，E

【71】次の危険物の引火点と燃焼範囲からみて，最も危険性の大きいものはどれか。

		引火点	燃焼範囲
(1)	ガソリン	−40℃	1.4〜7.6vol%
(2)	ベンゼン	−10℃	1.3〜7.1vol%
(3)	トルエン	4℃	1.2〜7.1vol%
(4)	アセトン	−20℃	2.15〜13vol%
(5)	ジエチルエーテル	−45℃	1.9〜36vol%

【72】引火点が21℃未満のものは，次のA〜Eのうちいくつあるか。

A　ジエチルエーテル

B　軽油

C　灯油

D　ギヤー油

E　アセトン

(1)　1つ　(2)　2つ　(3)　3つ　(4)　4つ　(5)　5つ

【73】次の危険物のうち，非水溶性危険物どうしの組合せとして，次のうち正しいものはどれか。

(1)　灯油，酸化プロピレン

(2)　エチレングリコール，ガソリン

(3)　二硫化炭素，ピリジン

(4)　クレオソート油，ベンゼン

(5)　トルエン，アセトン

【74】次の事故事例を教訓とした今後の対策として，誤っているものは次のうちどれか。

「給油取扱所の固定給油設備から軽油が漏れて地下に浸透したため，地下専用タンクの外面保護材の一部が溶解した。また，周囲の地下水も汚染され，油臭くなった。」

(1) 給油中は吐出状況を監視し，ノズルから空気（気泡）を吐き出していないかどうか注意すること。

(2) 固定給油設備は，定期的に全面カバーを取り外し，ポンプおよび配管に漏れがないか点検すること。

(3) 固定給油設備のポンプおよび下部ピット内は点検を容易にするため，常に清掃しておくこと。

(4) 固定給油設備のポンプおよび配管等の一部に著しく油，ごみ等が付着する場合は，その付近に漏れの疑いがあるので，重点的に点検すること。

(5) 固定給油設備の下部ピットは，油が漏れていても地下に浸透しないように，内側をアスファルトで被覆しておくこと。

【1】 解答 (3)

解説 第3類危険物のすべてが水と反応するわけではなく，黄リンのように，反応しないものもあります。

【2】 解答 (3)

解説 (1) 第1類は，酸化剤なので，摩擦や衝撃に対して**不安定**です。
(2) 第2類の危険物は，可燃性の固体です（液体ではない）。
(4) 第5類の危険物は，不燃性ではなく，可燃性の**液体**または**固体**です。
(5) 第6類の危険物は，**酸化性**の液体です。

【3】 解答 (4)

解説 「分子中に酸素を含んで自己燃焼しやすい」から第5類の危険物です。

【4】 解答 (5)

解説 (1) 引火性固体（第2類危険物）は，蒸発燃焼をします。
(2) 液体の危険物でも二硫化炭素やグリセリンのように水より重いものもあり，また，固体の危険物でも，1より小さいものもあるので，誤りです。
(3) 気体の危険物はありません。
(4) 保護液として二硫化炭素やメタノールを使用するものはありません。

【5】 解答 (5)

解説 エタノールなどのアルコール類は電気の良導体なので，電気をよく通し，静電気が発生してもすぐに他へ逃げていくので，帯電しにくい物質です。

【6】 解答 (5)

解説 第4類危険物の蒸気は空気より重いので，したがって「蒸気比重は1より大きい」が正解です。

【7】 解答 (1)

解説 沸点が低いということは，より低い温度で沸騰するということです。したがって，可燃性蒸気もそれだけ低い温度で発生するということになり，危険性もその分高くなります。

第2編
危険物の性質、火災予防、消火方法の解答と解説

(2)　水で薄める（希釈する）と可燃性蒸気が発生しにくくなるので，引火点は高くなります（水で薄める⇒　引火点が<u>高く</u>なる⇒　引火しにくくなる⇒　危険性が低くなる）。

(3)　（動植物油を除き）第4類は一般に自然発火することはありません。

(4)　蒸気比重は1より**大きい**ので，低所に<u>滞留</u>しやすくなります。

(5)　「導電率（電気伝導度）が<u>小さい</u>ので，静電気が蓄積されやすい。」が正解です。

【8】 解答 (3)

解説　第4類危険物は，ほとんど水に溶けず，常温以上に温めても変わりません。よって，水溶性にはなりません。

【9】 解答 (1)

解説　Aのみが正しい。

B　燃焼範囲の下限値が高いと，それだけ混合ガスが濃い（＝可燃性蒸気が多い）状態でないと燃えないので，それだけ危険性は低くなります。

C　液温が発火点以上になれば，火源がなくても燃えます。

D　燃焼範囲の上限値を超えると，もはや燃焼はしません。

【10】 解答 (5)

解説　正解は，次のようになります。

「第4類の危険物は，引火点を有する（**液体**）である。比重は1より（小さい）ものが多く，蒸気比重は1より（大きい）。また，電気の不導体であるものが多く，静電気が蓄積（されやすい）」

【11】 解答 (4)

解説　(1)　アルコール類に注水して薄めると引火点が上昇するというのは正しいですが，蒸気圧は上昇するのではなく，<u>低下</u>します（蒸気圧が低下⇒引火するのに十分な可燃性蒸気を発生するには，それだけ液温を上げて蒸気圧を上昇させる必要がある。⇒引火点が上昇する）。

(2)　常温以下でも，可燃性蒸気を発生する危険物はたくさんあります。

(3)　「撹拌などにより静電気が生じる」は正しいですが，それによって酸化熱が生じて温度が上昇することはありません。

(5)　引火点が常温より高い危険物であれば，炎（点火源）を近づけても燃焼

（引火）はしません。

【12】 解答 (5)

解説 まず，第4類危険物には少ないBの「水によく溶ける。」に注目します。P110，(4)の「水に溶けるもの」に含まれているのは，(4)の酢酸と(5)のアセトアルデヒドになります。

次に，酢酸は**水より重い危険物**なので（⇒P109，(2)参照），残りのアセトアルデヒドが正解となります。

【13】 解答 (5)

解説 可燃性蒸気は低所に滞留しやすく，それが空気と混合して燃焼範囲に達すると引火して爆発する危険性が生じます。したがって，問題文とは逆に，蒸気が滞留しないよう，通風換気は行う必要があります。

(2) たとえば，ガソリンを収納していた空容器に灯油を注入した場合，容器に残っていたガソリンの蒸気濃度が燃焼範囲内になれば，灯油の流入によって発生した静電気火花により引火し，爆発する危険性があります。

【14】 解答 (2)

解説 (1) 一般に第4類は水より軽いので，水を加えても浮くだけで希釈すること（薄めること）はできません。

(3) 貯蔵場所の「湿度を高く保つ」が正解です。

(4) 蒸気が残っている可能性があるので，蓋を閉めて(密栓をして)保管します。

(5) 発生した蒸気は空気より重いので，**低所**に滞留しやすくなります。

【15】 解答 (4)

解説 (1) 静電気の発生を抑えるためには，流速を遅くする必要があります。

(2) 「**火花を発生する機械器具**などを使用しない」が正解です。

(3) **【13】**の解説参照。

(5) 「導電率の**悪い**液体は，静電気が発生しやすい」が正解です。

【16】 解答 (3)

解説 P24の3．熱膨張の左欄記述を参照。

【17】 解答 (1)

解説 屋外の高所に排出すると，地上に降りるまで蒸気濃度が薄められ，危険性が低くなります。

【18】 解答 (5)

解説 容器いっぱいに詰めるのではなく，液温上昇による体膨張で容器が破損するのを防ぐため，若干の空間容積を残して収納します（液温上昇⇒ 液が蒸発して蒸気が増える⇒ 蒸気の体積が増える⇒ 容器が破損）。

【19】 解答 (1)

解説

(1) なお，燃焼範囲の<u>上限値と下限値との差が等しい物質</u>の場合は，**下限値の小さい物質ほど危険性は大きく**なります。

(2) 蒸気は屋外の高所に排出して，地上に降りるまでに希釈させます。

(3) 一部の危険物を除いて，容器は可燃性蒸気の発生を抑えるため密閉します。

(4) 液体の比重の大きな物質ほど蒸気密度が小さくなるとは限りません。たとえば，ガソリンの比重は，0.65〜0.75，蒸気比重は<u>3〜4</u>，酢酸は，1.05と<u>2.1</u>。液体の比重は，1.05の酢酸の方が大きいですが，蒸気比重は，2.1の酢酸の方が小さくなります。

(5) 絶縁性が高いと，発生した静電気が蓄積するので，不適切です。

【20】 解答 (3)

解説 第4類の消火に不適当な消火剤⇒**水**（棒状，**霧状**とも），**強化液**（棒状）。強化液は霧状だけが第4類に適応しています。

なお，「消火剤は効果的である」を「消火剤を<u>使用した</u>」として出題される場合もありますが，答は同じです。

【21】 解答 (3)

解説 本問のように，第4類に属する危険物の具体的な品名を出して消火剤（消火器）との適，不適を問う問題では，ガソリンや重油などという一つ一つの品名に惑わされることなく，すべて「第4類ではどうか」と考えます。そのためには，P96の【1】【2】【3】をしっかりと暗記しておく必要があります。

本問の場合，泡消火剤は一応第4類に効果的となっていますが，アセトンのような水溶性危険物（水に溶けるもの）に対してだけは耐アルコール泡を

用いる必要があります。したがって，(3)が誤りとなります。

【22】 解答 (2)

解説　一般に第4類危険物は水より軽い（液比重が1より小さい）ので，水をかけると危険物が水に浮いてしまい燃焼面が拡大するため，水による消火は不適当となります（P96の**【3】**参照）。

【23】 解答 (2)

解説　ベンゼンやトルエンなどと指定されていますが，要するに，第4類危険物の火災に適応しない消火器を問う問題で，ベンゼンやトルエンはその具体例として提示されているだけです。従って，「ガソリンや灯油の火災に適応しない消火器」と出題されても，答は同じです。

　　つまり，第4類危険物の火災に適応しない消火器は，**水**と**棒状**に放射する強化液消火器です。

【24】 解答 (3)

解説　水溶性液体用の泡消火剤でなければ効果的に消火できないものは，**水溶性の危険物**なので，第2石油類の水溶性であるBの酢酸とDのアクリル酸およびEのプロピオン酸の3つが正解です。

【25】 解答 (4)

解説　前問の解説より，**水溶性の危険物**（⇒P110，(4)）に該当するのは，C以外の4つになります。

【26】 解答 (1)

解説　二硫化炭素の比重は1以上（1.26）で，水より重いので誤りです。

【27】 解答 (2)

解説　二硫化炭素は，**特有の不快臭**があり，また，水に溶けにくく，水より重い（比重：1.3）物質です。

【28】 解答 (3)（注：日光にさらしても**爆発性の過酸化物**を生じる）

解説　(1)は自然発火しません。(2)は金属とは反応しません。(4)の流速を速くすると，静電気が発生しやすくなります。(5)の蒸気は空気より重いので，低

所の換気を十分に行う必要があります。

【29】 解答 (3)

解説 ガソリンの発火点は300℃です。一方，ジエチルエーテルは160℃，二硫化炭素は90℃なので，「どちらもガソリンより<u>低い</u>」が正解です。(P97の表参照)

【30】 解答 (3)

解説 第4類危険物の蒸気は空気より重く，また，蒸気は**有毒**です。

【31】 解答 (5)

解説 二硫化炭素の「水より重い」「水に溶けない」という性質を利用して水中貯蔵をし，可燃性蒸気の発生を防ぎます。

【32】 解答 (1)

解説 誤っているのは，Cのみで，アセトアルデヒドの引火点は，－39℃なので，常温（20℃）で引火する危険性があります。

【33】 解答 (3)

解説 一般的に，第1石油類の方が引火点が低いので，危険性は高くなります。
(1) ガソリンは－40℃以下，アセトンは－20℃で，「－20℃以下」です。
(2) 第4類危険物はすべて引火性の**液体**で，気体のものはありません。
(4) 石油類には，水に溶けやすいもの（水溶性）だけではなく，溶けにくいもの（非水溶性）もあるので誤りです。
(5) ガソリン，ベンゼン，トルエンはすべて**非水溶性**（水に溶けにくいもの）です。

【34】 解答 (2)

解説 ガソリンの発火点は約**300℃**です。
(4) ガソリンの蒸気比重は3〜4なので空気の3〜4倍重く，正しい。

【35】 解答 (4)

解説 (1) ガソリンは，<u>原油を蒸留，精製して，軽油や灯油とともに得られる石油製品</u>であり，メタンなどの天然ガスが水に溶け込んだものではありません。

(2) ガソリン蒸気（ガソリンベーパーという）の特有な臭いは，その主成分である**炭化水素**によるものであり，付臭剤によるものではありません。

(3) 発火点は，約300℃です。

(4) 燃焼範囲は，1.4〜7.6〔vol%〕なので，おおむね1〜8 vol%ということになります。

(5) 蒸気比重は3〜4です。

【36】 解答 (4)

解説 (1) 引火点は，−40℃以下です。

(2) 自動車ガソリンはオレンジ色に着色されています。

(3) 比重は，0.65〜0.75なので，1より**小さい**危険物です。

(5) 過酸化水素や硝酸は第6類危険物の酸化剤であり，ガソリンと混合すると，発火する危険性があります。

【37】 解答 (5)

解説 ガソリンの引火点は−40℃以下で，冬の屋外でも引火する危険があります。

【38】 解答 (2)

解説 蒸気は風下に流されるので，特に風下の火気に注意する必要があります。

【39】 解答 (1)

解説 灯油に比べて，ガソリンの方が引火点，沸点ともに低く，揮発性が高いので，危険性も高くなります。

【40】 解答 (3)（B，C，Dが誤り）

解説 B 引火点はベンゼンが**−10℃**，トルエンが**4℃**で，**常温（20℃）より低い**ですが，**ベンゼンの方がトルエンより低いので**，誤り。

C ともに水には溶けません（多くの有機溶媒には溶けます）。

D 毒性はベンゼンの方が強いので，誤り。

【41】 解答 (1)

解説 水にはよく溶けます。

【42】 解答 (3)

解説　沸点は，メタノールが64℃，エタノールが78℃なので，水（1気圧で100℃）より**低く**，誤り。

【43】 解答 (4)

解説　アルコールの炎は淡く見えにくい，ということは，黒煙は発生していない，ということになります（黒煙が発生していたら炎が見えるので）。

(1)　メタノール，エタノールとも，水や有機溶剤とは，よく混合します。

(2)　メタノールの引火点は11℃なので，常温でも引火します。

【44】 解答 (3)

解説　毒性は**メタノール**（メチルアルコール）のみにあります。したがって，「エタノールより……」という文自体が誤りで，エタノール（エチルアルコール）には毒性はありません。

(1)　メタノールの引火点は11℃です（エタノールは13℃）。

(2)　水の沸点は100℃，アルコールの沸点は100℃以下なので，アルコールの沸点の方が低くなっています。

【45】 解答 (3) (B，C，Eが正しい)

解説　A　誤り。凝固点は**－114.5℃**です。

B　正しい。これを**変性アルコール**といいます。

D　誤り。エタノールがナトリウムと反応すると，**水素**を発生します。

E　エタノール（酸化）⇒アセトアルデヒド（酸化）⇒酢酸　となります。

【46】 解答 (5)

解説　(1)　有毒なのは**メタノール**（メチルアルコール）の方です。

(2)　アルコールを燃焼させても炎は淡く認識しにくく，黒煙は生じません。

(3)　エタノール（エチルアルコール）の沸点は78℃，水は100℃だから水の沸点の方が高く，誤りです。

(4)　灯油の引火点は40℃以上，アルコールの引火点はメタノールが11℃，エタノールが13℃だから，灯油の引火点の方が高く，誤りです。

【47】 解答 (4)

解説　メタノールの引火点は11℃，エタノールは13℃なので，「常温（20℃）

より**低い**。」が正解です。

【48】 解答 (4)

解説 　第4類危険物の蒸気は空気より**重い**ので，誤りです。

【49】 解答 (2)

解説 　灯油とガソリンは同じ石油類なので混ざりあい，引火点が低くなって，大変危険です。なお，(5)ですが，発火点は，ガソリンが300℃，灯油や軽油は220℃なので，ガソリンより低くなっています。

【50】 解答 (2)

解説 　A　**特有の臭気**（石油臭）があるので，誤り。
　B　引火点以上に液温が上がれば，火花等の火源があれば引火する危険があるので，正しい。
　C　比重が0.8なので，1より**小さい**物質です（正しい）。
　D　第4類危険物の蒸気比重は1より**大きく**，低所に滞留しやすいので，正しい。
　E　引火点が**40℃以上**なので，液温20℃では引火しません。
　よって，誤っているのは，AとEになります。

【51】 解答 (5)（すべて誤り。）

解説 　A　第4類危険物の蒸気は空気より**重く**，換気口は室内の**底部**に設けます。
　B　灯油の沸点は**145〜270℃**で，特殊引火物（20〜40℃前後）などに比べて高いので，揮発性はそれほど**強くなく**，また，ガス抜き口を**設けず**容器は密閉する必要があります。
　C　灯油の沸点は，145℃〜270℃であり，常温（20℃）では分解しません。
　D　日光により過酸化物を生成するおそれがあるのは，特殊引火物のジエチルエーテルです。
　E　第4類危険物に，このような性状はありません。

【52】 解答 (3)

解説 　**引火点**は灯油が**40℃以上**，軽油が**45℃以上**なので，「常温（20℃）より高い」が正解です。

【53】　解答　(2)

解説　灯油，軽油とも，発火点は約220℃で，100℃よりは高くなっています。

【54】　解答　(4)

解説　(1) オルト，メタ，パラの**3種類の異性体**があります。

(4) キシレンは，非水溶性の第2石油類なので，水には溶けません。

【55】　解答　(1)

解説　水より**重く**，水によく**溶けます**（P.109の(2)参照）。

【56】　解答　(4)（A以外の4つが誤り。）

解説　B　酸化性物質と混触すると，**発火・爆発**のおそれがあります。

C　アクリル酸は，**水やアルコール，エーテル**などによく溶けます。

D　素手で触れると**火傷**や炎症を起こす危険性があり，また，蒸気は**刺激臭**があり，吸入すると粘膜をおかされ，気管支炎，肺炎などを起こすことがあります。

E　凍結しないよう，**密栓**して冷暗所に貯蔵します（凍結したアクリル酸を溶かそうとしてヒーターで加熱して爆発した事例がある）。

【57】　解答　(2)

解説

(1) 第3石油類で比重が1より小さいのは**重油**だけです。

(3) グリセリンは無味無臭ではなく，甘みのある**無色**の液体で，2価ではなく，**3価**のアルコールです（注：3価のアルコールだが "アルコール類" ではないので注意して下さい）。

(4) 第4類危険物で自然発火の危険性があるのは動植物油類のみです。

(5) 車の不凍液に利用されているのは，グリセリンではなく，エチレングリコールです。

【58】　解答　(3)

解説　重油の**沸点**は300℃以上，**引火点**は約60℃以上と高くなっています。高いということは液体が蒸発しにくいということなので，揮発性（液体の蒸発のしやすさ）が低いということになります（⇒　**沸点，引火点**が高いと⇒揮発性が低い）。

【59】　解答　(1)

解説　重油の引火点は約60℃以上です。

(2)　水よりやや**軽く**なっています。

(3)　重油は引火点が高いので容易に引火はしませんが、やはり加熱すると液温が引火点に近づくため、引火の危険性は高くなります。

(4)　重油は水や熱湯、およびアルコールには溶けません。

(5)　重油を霧状（噴霧状）にすると引火しやすくなります。

【60】　解答　(3)

解説　重油は水や熱湯、およびアルコールには溶けません。

(5)　重油などの**油火災**には窒息消火が効果的です。

【61】　解答　(5)

解説　重油は燃え始めると燃焼温度（液温）が高くなり消火が大変困難になります。また、その際発生するガスは硫黄分によるもので、人体には有害です。

【62】　解答　(5)

解説　第4石油類は水には溶けません（第1～第3石油類では「水に溶けるもの」も含まれています）。

【63】　解答　(5)

解説　第4類の火災（＝油火災）に水を用いると、油が水に浮き燃焼面積を拡大するので不適当です（水は棒状、霧状とも第4類の火災に不適です。→ P.77）。

【64】　解答　(4)

解説　ヨウ素価の大きい順、すなわち<u>自然発火のしやすい順</u>に並べると「**乾性油**、半乾性油、不乾性油」となります。したがって、乾性油の方が不乾性油より自然発火しやすくなります。

【65】　解答　(2)

解説

(1)　動植物油類の比重は、約0.9で、また、水には<u>溶けません</u>。

(2)　硬化油は、マーガリンなどの食品のほか、石けんやろうそく、化粧品な

どにも用いられています。

⑶　オリーブ油やツバキ油は，食用油や化粧品などに用いられています。

⑷　前半は正しいですが，後半は，空気中では**酸化されやすい**ので，その際の酸化熱により自然発火のおそれがあります。

⑸　油脂の沸点は，炭素原子の数が少ないほど**低く**なります。

【66】　解答 (5)

解説　動植物油が染み込んだぼろ布や紙を，風通しの悪い場所に長い間積んでおくと，酸化熱が蓄積して自然発火が起こりやすくなります。

【67】　解答 (3)

解説　不飽和脂肪酸が多い⇒**ヨウ素価が大きい**⇒乾きやすい油（乾性油）⇒自然発火しやすい，となります。したがって，「ヨウ素価」が大きいほど「自然発火」しやすいので，両者は関係があります。

【68】　解答 (5)

解説　［暗記大作戦］P109の⑵参照。　水より重いものは，⑴　二硫化炭素のみ，⑵　酢酸のみ，⑶　ニトロベンゼン，クレオソート油，⑷　二硫化炭素のみ，⑸　すべて水より重い。よって，⑸が正解となります。

【69】　解答 (4)

解説　［暗記大作戦］P110の⑷，「水に溶けるもの」に入っていないもの。つまり，⑴から⑸で「水に溶けないもの」を順にあげると，

⑴　クレオソート油，⑵　軽油，⑶　ベンゼン，⑷　なし，⑸　ガソリン，二硫化炭素。よって，⑷がすべて水に溶ける組み合わせ，となります。

【70】　解答 (3)　A，D，Eが正しい。

解説　問題【70】の左の欄を参照しながら下の解説を読んで下さい。

A　**アセトアルデヒド**は特殊引火物，**ギヤー油**は第4石油類で，低→高の順になっています。

B　第1石油類の**ベンゼン**（－10℃）より特殊引火物の**二硫化炭素**（－30℃）の方が引火点が低いので誤りです。

C　第1石油類の**アセトン**（－20℃）より特殊引火物の**アセトアルデヒド**（－39℃）の方が低いので誤りです。

D　ジエチルエーテルは特殊引火物，**ベンゼン**は第1石油類で，低→高の順になっています。

E　**トルエン**は第1石油類，**軽油**は第2石油類，**シリンダー油**は第4石油類で，低→高の順になっています。

【71】 解答 (5)

解説　「引火点」と「燃焼範囲」から危険性の大小を判断する時は，「引火点」はより**低い**ものほど，「燃焼範囲」はより**広い**ものほど危険性が大きくなります。

したがって，「引火点」が最も低いのはジエチルエーテルであり，また，「燃焼範囲」が最も広いものもエーテルなので，最も危険性が大きいのはジエチルエーテル，ということになります。

【72】 解答 (2)

解説　引火点が**21℃未満**というのは，第1石油類の定義にある条件であり，**特殊引火物，第1石油類，アルコール類**（一部除く）が該当します。

従って，特殊引火物であるAの**ジエチルエーテル（－45℃）**，第1石油類であるEの**アセトン（－20℃）**が該当することになるので，(2)の2つが正解となります。

【73】 解答 (4)

解説　クレオソート油，ベンゼンとも，Ｐ110の4，水に溶けるもの，に入っておらず，非水溶性です。

(1)　灯油は非水溶性ですが，酸化プロピレンは水溶性です。

(2)　エチレングリコールは水溶性，ガソリンは非水溶性です。

(3)　二硫化炭素は非水溶性ですが，ピリジンは水溶性です。

(5)　トルエンは非水溶性ですが，アセトンは水溶性です。

【74】 解答 (5)

解説　アスファルトは，原油を精製する際に残った黒色の固体または半固体の炭化水素で，もとは原油なので，下部ピットをアスファルトで被覆しても，地下に浸透してしまいます。

第3編

法　令

（P 288，289に法令のまとめがあります）

> 〈法令に出てくる主な用語について〉
>
> 　法令には，次のような専門用語が出てきますので，ここで前もってその意味をつかんでおいて下さい。
>
> ・所有者等：所有者，管理者，または占有者のことをいいます。
>
> ・製造所等：指定数量以上の危険物を貯蔵または取扱う危険物施設（製造所，貯蔵所，取扱所など）のことをいいます。
>
> ・市町村長等：市町村長や都道府県知事，または総務大臣を総称して言いますが，消防本部等（消防本部および消防署）の設置の有無によって次のように，その意味あいが異なります。
>
> 　　○消防本部等が設置されている区域の場合
> 　　　⇒　その区域の市町村長
>
> 　　○消防本部等が設置されていない区域の場合
> 　　　⇒　その区域の都道府県知事
>
> ・消防吏員：消防職員のうち，（階級を有し，制服を着用し）消防事務に従事する者をいいます。

危険物の定義と指定数量

3-1

★point★

ある物質が危険物であるか否かの判定は,各類の定義に対応した試験によって行われます。

※20℃超え40℃以下で液状のものを含む。

消防法別表第1は**巻末**にあります。

各類の性質のゴロ合わせを思い出そう。
さいこうの過去の時期,事故さえ無かった（第2編P93参照）。

(注：**塩酸**,**消石灰**,**液体酸素**,プロパン,アセチレンガス,水素,オゾン…などは危険物には含まれていないので,注意して下さい)

1 危険物とは？

(P202 問題1～2)

　危険物とは,「消防法別表第1の品名欄に掲げる物品で,同表に定める区分に応じ同表の性質欄に掲げる性状を有するもの」をいいます。

☆　これらの危険物は**1気圧**において温度20℃で固体または液体※であり,水素やプロパンガスなどの気体は（消防法でいう）危険物ではないので注意が必要です。

2 危険物の分類 (P202 問題3～5)

　第2編のP92でも説明しましたが,危険物はその特性により,第1類から第6類まで分類されており,そのうち第4類には表2-2のように7種類があります。

表2-1

類　別	性質	主な品名
第1類	酸化性固体	硝酸塩類,塩素酸塩類など。 （品名が○○酸塩類,または,○○素酸塩類,となっているもの）
第2類	可燃性固体	**硫化リン,鉄粉,金属粉,赤りん,硫黄,マグネシウム**など。
第3類	自然発火性物質及び禁水性	**カリウム,ナトリウム,黄りん**など。
第4類	引火性液体	次ページ参照
第5類	自己反応性物質	有機過酸化物,硝酸エステル類,ニトロ化合物,シアゾ化合物など。
第6類	酸化性液体	**過塩素酸,過酸化水素,硝酸**など。

注意しよう!!

「消防法別表第1 (P291)に掲げられている品名はどれか」という出題がたまにあるので,太字の品名については覚えておこう!

表2-2　第4類の危険物と指定数量（注：水は水溶性，非水は非水溶性）

品名	引火点	性質	主 な 物 品 名	指定数量
特殊引火物	−20℃以下		ジエチルエーテル，二硫化炭素，アセトアルデヒド，酸化プロピレンなど	50ℓ
第1石油類	21℃未満	非水	ガソリン，ベンゼン，トルエン，酢酸エチルなど	200ℓ
		水	アセトン，ピリジン	400ℓ
アルコール類			メタノール，エタノール	400ℓ
第2石油類	21℃以上 70℃未満	非水	灯油，軽油，キシレン，クロロベンゼン	1000ℓ
		水	酢酸，アクリル酸，プロピオン酸	2000ℓ
第3石油類	70℃以上 200℃未満	非水	重油，クレオソート油，ニトロベンゼンなど	2000ℓ
		水	グリセリン，エチレングリコール	4000ℓ
第4石油類	200℃以上		ギヤー油，シリンダー油など	6000ℓ
動植物油類			アマニ油，ヤシ油，ナタネ油など	10000ℓ

こうして覚えよう！

品名の順番

遠	い	あ	に（兄）	さん	よ	どこ？
特殊	1石油	アルコール	2石油	3石油	4石油	動植物

第4類以外でもP291の太字で示した2類・3類，5類の危険物の指定数量は出題例があるので，余裕があれば覚えておいて下さい。

3　指定数量

（P203　問題6～11）

【1】指定数量とは？（表2-2参照）

　危険物といってもすべてが消防法の規制を受けるのではなく，ある一定の数量以上の場合に規制を受けます。この一定数量を指定数量といい，危険物の品名ごとにその数量が定められています（⇒この数値が小さいほど危険度は高くなります）。

　なお，指定数量未満の場合は市町村条例の規制を受けます（消防法や政令，規則の規制ではないので注意！）。

第3編
危険物の定義と指定数量

こうして覚えよう！

指定数量　（「ツ」は，2＝ツウより2を表します。）

ゴ　　ツイ　　　　よ　　　　銭湯　　　フ

50（特殊）　200（1石油）　400（アルコール）　1000（2石油）　2000（3石油）

ロ　　　　　　満員

6000（4石油）　10000（動植物）

　前ページの「こうして覚えよう」で覚えた品名の順に書いていきます。

　なお，石油類はよく出てくる「非水溶性」の数値のみ記してあります。あまり出てきませんが，「水溶性」は"その倍"だと覚えてください。

（前ページの表2－2参照）

（ガソリン，灯油，軽油，重油のみのゴロ合わせはp204にもあります。）

指定数量の倍数計算
倍数が1以上（＝指定数量以上）の場合に消防法の規制を受ける

【2】指定数量の倍数計算 （表2－2参照）

① 危険物が1種類のみの場合

・たとえば，ガソリン（第1石油類）を400ℓ貯蔵する場合，ガソリンの指定数量は200ℓなので，400÷200＝2より，「ガソリンを指定数量の2倍貯蔵する」という言い方をします。

・このように危険物が1種類のみの場合は，「貯蔵する量」を「その危険物の指定数量」で割って倍数を求めます。

☞　　危険物の倍数＝$\dfrac{危険物の貯蔵量}{危険物の指定数量}$

・この倍数が 1 **以上**の場合，すなわち指定数量以上の場合に**消防法**の規制を受けることになります。

例）灯油2000 ℓ は指定数量の何倍か？

⇒　灯油の指定数量は**1000** ℓ なので

2000／**1000**＝ 2 より 2 倍となります。

② **危険物が 2 種類以上の場合**

・それぞれの危険物ごとに倍数を求め，それを合計します。

・たとえば，ジエチルエーテルとアセトンを例にすると，指定数量はジエチルエーテルが**50** ℓ，アセトンが**400** ℓ なので

例 1 ）ジエチルエーテルを10 ℓ，アセトンを200 ℓ 貯蔵する場合

$$危険物の倍数＝\frac{危険物の貯蔵量}{危険物の指定数量}　より$$

$$ジエチルエーテルの倍数＝\frac{10}{50}＝0.2$$

貯蔵量

ジエチルエーテルの指定数量

$$アセトンの倍数＝\frac{200}{400}＝0.5$$

倍数の合計＝0.2＋0.5＝0.7倍となり，1 未満なので消防法の規制は受けません。

例 2 ）ジエチルエーテルを30 ℓ，アセトンを320 ℓ 貯蔵する場合

$$ジエチルエーテルの倍数＝\frac{30}{50}＝0.6$$

$$アセトンの倍数＝\frac{320}{400}＝0.8$$

倍数の合計＝0.6＋0.8＝1.4倍と 1 以上なので消防法の規制を受けることになります。

指定数量を法令的に説明すると，「危険物について，その危険性を勘案して政令で定める数量」となります。

1以上→ 1 も含む
1未満→ 1 を含まない

危険物が 2 種類以上の場合
各危険物の倍数を合計する

たとえば，指定数量の異なる危険物Ａ，Ｂ及びＣを同一の貯蔵所で貯蔵する場合の指定数量の倍数は，**「Ａ，Ｂ及びＣそれぞれの貯蔵量を，それぞれの指定数量で除して得た値の和。」**ということになります。（⇒出題例があり，「平均値」や「最も小さい」などの説明が入っていたら誤りです。）

第3編
危険物の定義と指定数量

製造所等の区分

(P205　問題12)

・製造所等というのは，製造所，貯蔵所，取扱所の３つのことをいい，指定数量以上の危険物を貯蔵および取扱う場合は，これらの製造所等で行う必要があります（注：「製造所等」を単に「危険物施設」や「施設」と表現する場合があります）。

・その製造所，貯蔵所，取扱所は，更に次のように区分されています。
　（貯蔵所は７種類，取扱所は４種類に区分されている）

表1

製造所	危険物を製造する施設

表2

貯蔵所	①屋内貯蔵所	屋内の場所において危険物を貯蔵し，または取扱う貯蔵所
	②屋外貯蔵所 **こうして覚えよう！** 外は西，　異様な 屋外 2・4類　いおう イカは飛んでいる 引火 0℃	屋外の場所において（下線部はゴロに使う部分） ● 第2類の危険物のうち硫黄または引火性固体（引火点が0℃以上のもの） ● 第4類の危険物のうち，特殊引火物を除いたもの（第1石油類は引火点が0℃以上のものに限る→したがって，ガソリンは貯蔵できません） を貯蔵し，または取扱う貯蔵所
	③屋内タンク貯蔵所	屋内にあるタンクにおいて危険物を貯蔵し，または取扱う貯蔵所
	④屋外タンク貯蔵所	屋外にあるタンクにおいて危険物を貯蔵し，または取扱う貯蔵所
	⑤地下タンク貯蔵所	地盤面下に埋設されているタンクにおいて危険物を貯蔵し，または取扱う貯蔵所
	⑥簡易タンク貯蔵所	簡易タンクにおいて危険物を貯蔵し，または取扱う貯蔵所
	⑦移動タンク貯蔵所 （タンクローリー）	車両に固定されたタンクにおいて危険物を貯蔵し，または取扱う貯蔵所

表3

取扱所	①給油取扱所	固定した給油施設によって自動車などの燃料タンクに直接給油するための危険物を取扱う取扱所
	②販売取扱所	店舗において容器入りのままで販売するための危険物を取扱う取扱所 第1種販売取扱所：指定数量の15倍以下 第2種販売取扱所：指定数量の15倍を超え 40倍以下
	③移送取扱所 　（パイプライン）	配管およびポンプ，並びにこれらに附属する設備によって危険物の移送の取扱いをする取扱所
	④一般取扱所	給油取扱所，販売取扱所，移送取扱所以外の危険物の取扱いをする取扱所

（注：③の移送取扱所は，**鉄道**や**隧道（トンネル）内**に設置できないので注意）

第3編

製造所等の区分

注意しよう！！

　危険物を貯蔵および取扱う施設がすべて製造所等というのではなく，前ページの1～2行目に説明してあるように，「**指定数量以上**」の危険物を貯蔵および取扱う施設が製造所等というので，注意してください（⇒ **指定数量未満を貯蔵および取扱う施設は製造所等とは言わない**）。

各種手続き及び義務違反に対する措置

★point★

許可 の手続き

＊市町村長
⇒消防本部及び消防署が置かれていない市町村の区域の場合は都道府県**知事**に対して行います。

＊＊ 液体の危険物を貯蔵するタンクを有する場合は，完成検査を受ける前に**完成検査前検査**を受ける必要があります。

1 製造所等の設置と変更

(P206 問題13〜16)

製造所等を**設置**（または**変更**）して実際に使用を開始するまでには，次のような手続きの流れが必要になります。

① ＊市町村長に設置（変更）許可を申請する。
② 許可を受けると⇒ 工事を開始

> 液体の危険物タンク（屋外タンクなど）の場合は，完成検査の前に完成検査前検査を受ける必要があります。

③ 工事完了後⇒ ＊市町村長が行う完成検査を受ける。
④ 合格して「完成検査済証」を受けた後に使用を開始。

＊＊完成検査前検査
（液体危険物タンク）

 ⇒ 許可 ⇒ ⇒ ⇒

設置(変更)許可申請 ⇒ 許可 ⇒ 工事を開始 ⇒ 完成

⇒ 完成検査申請 ⇒ 完成検査 ⇒ 完成検査済証交付 ⇒ 使用開始

注意しよう！！

> 移送取扱所の場合，**2以上の市町村**にわたって設置される場合は，その区域を管轄する都道府県知事が許可権者となり，また，**2以上の都道府県**にわたって設置される場合は，**総務大臣**が許可権者となるので，注意してください（⇒出題例あり）。

2 製造所等の各種届出

届出 の手続き

(P208 問題17〜21)

製造所等においては，次の場合に届出が**必要**になってきます。

表3－1　(注：**届出先**は，いずれも**市町村長等**です。)

	届出が必要な場合	提出期限
①	危険物の**品名，数量**または指定数量の倍数を変更する時	変更しようとする日の**10日前**まで
②	製造所等の**譲渡**または**引き渡し**	**遅滞なく**
③	製造所等を**廃止**する時	〃
④	危険物保安統括管理者を**選任，解任**する時	〃
⑤	危険物保安監督者を**選任，解任**する時	〃

(注) 危険物施設保安員（P172）の場合は選任，解任しても届出は不要です。

3　仮貯蔵と仮使用

 承認 の手続き　　(P210　問題22～23)

【1】仮貯蔵及び仮取扱い

原則として，指定数量以上の危険物は**製造所等**で貯蔵，取扱う必要があり，製造所等**以外**の場所で貯蔵したり取扱うことはできません。

ただし，次の場合は仮貯蔵及び仮取扱いとしてそれらが認められています。

〈仮貯蔵及び仮取扱いができる場合〉

「消防長または消防署長」の承認を受けた場合は，**10日以内**に限り「指定数量以上の危険物を製造所等**以外**の場所で貯蔵及び取扱うこと」ができます。

> 仮貯蔵・仮取扱い⇒　指定数量以上を10日以内

【2】仮使用

仮使用とは，製造所等の位置，構造，または設備を**変更する場合**に，変更工事に係る部分**以外**の部分の全部または一部を，**市町村長等の承認**を得て完成検査前に仮に使用することをいいます。

> 仮使用⇒　「変更」工事以外の部分を仮に使用

	期間または時期	承認の申請先	要点
仮貯蔵仮取扱い	**10日以内**に限る	**消防長又は消防署長**	製造所等以外の場所で仮に貯蔵する。
仮使用	**完成検査前**に使用	**市町村長等**	変更工事に係る部分**以外**の全部または一部を仮に使用

仮貯蔵は誰が承認？

私です！ただし10日以内だよ

消防長

消防署長

承認

指定数量以上

製造所等以外の場所
（仮貯蔵）

変更工事に係わる部分 | 以外の部分

給油

洗車機

（⇒仮使用OK！）

（仮使用）

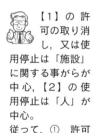

＊下の【1】の④の保安検査について

一定規模以上の**屋外タンク貯蔵所と移送取扱所**は，自主点検のみではその安全性を確保できないので，**市町村長等**が行う保安検査が義務づけられており，**定期保安検査と臨時保安検査**があります（下線部出題例あり）。

【1】の許可の取り消し，又は使用停止は「施設」に関する事がらが中心，【2】の使用停止は「人」が中心。
従って，① 許可の取り消しが問われたら⇒ 施設
② 使用停止が問われたら⇒ 施設と人の両方を思い出す，
と，まずは覚えておこう。

4　義務違反に対する措置（命令）

（P211　問題24～31）

　市町村長等は，所有者等の次のような行為に対し，次の【1】または【2】の命令を発令することができます（使用停止は定めた期間だけ）。

【1】許可の取り消し，または使用停止

① 　（位置，構造，設備を）許可を受けずに**変更**したとき。

② 　（位置，構造，設備に対する）**修理，改造，移転**などの命令に従わなかったとき。

③ 　完成検査済証の交付前に製造所等を使用したとき。または仮使用の承認を受けないで製造所等を使用したとき。

④ 　保安検査＊を受けないとき（政令で定める屋外タンク貯蔵所と移送取扱所に対してのみ）。

⑤ 　定期点検を実施しない，記録を作成しない，または保存しないとき。

【2】 使用停止

① 　危険物の貯蔵，取扱い基準の**遵守命令**に違反したとき。

② 　危険物保安統括管理者を選任していないとき，またはその者に「保安に関する業務」を統括管理させていないとき。

③ 　危険物保安監督者を選任していないとき，またはその者に「保安の監督」をさせていないとき。

④ 　危険物保安統括管理者または危険物保安監督者の**解任命令**に従わなかったとき。

【3】 その他の主な命令

表4－1

命　　　令	違反内容など	命令する人
危険物取扱者**免状**の**返納**命令	消防法令違反	都道府県知事
危険物保安統括管理者または**危険物保安監督者の解任**命令	消防法令違反など	市町村長等
走行中の**移動タンク貯蔵所**（タンクローリー）に対する**停止**命令	火災防止のため必要な際に停止させ免状の提示を求める	消防吏員警察官

3-4 危険の予防と点検

★point★

 定期点検は，製造所等（すべてではない）の位置，構造，及び設備が技術上の基準に適合しているかを，所有者等が自ら行う定期的な点検のことをいいます。

＜記録の内容＞
① 製造所等の名称
② 点検の方法，及びその結果
③ 点検年月日
④ 点検を行った者，または立ち会った者の氏名

【1】点検を行う者

① 危険物取扱者（甲種，乙種，丙種）

② 危険物施設保安員

☆ 上記以外の者でも危険物取扱者の立ち会いがあれば実施できます。

【2】点検の回数：1年に1回以上

【3】点検記録の保存期間：3年間

【4】定期点検を実施しなければならない製造所等

① 必ず実施しなければならない製造所等

・地下タンク貯蔵所　　　　　　　｜ 地下タンクを有す
・地下タンクを有する製造所　　　｜ る施設は全てが対
・地下タンクを有する給油取扱所　｜ 象（⇒地上から確
・地下タンクを有する一般取扱所　｜ 認できないので）
・移動タンク貯蔵所
・移送取扱所（一部例外あり）

（①のゴロ合わせは次ページにあります。）

② 一定の指定数量以上の場合に実施する必要がある製造所等

指定数量の倍数

・製造所……………………10倍以上
・一般取扱所………… 〃
・屋外貯蔵所…………100倍以上
・屋内貯蔵所…………150倍以上
・屋外タンク貯蔵所…200倍以上

この定期点検をはじめ，保安距離や危険物保安監督者などの規定をP.288にまとめてありますので，ぜひ，参考にしてください。

こうして覚えよう！

① **定期点検を必ず実施する施設（移送取扱所は省略）**
⇒ 地下タンクを有する施設と移動タンク貯蔵所

② **定期点検を実施しなくてもよい施設**
⇒ 屋内タンク貯蔵所，簡易タンク貯蔵所，販売取扱所

① → **地下のタンスを移動すると定期が出てきたのに，**
地下　　タンク　　移動タンク　定期点検

② → **簡単に販売したので泣いた**
簡易タンク　販売取扱所　内＝屋内　タンク

第3編

危険の予防と点検

【5】 地下貯蔵タンク，地下埋設配管の漏れの点検

① 点検の実施者
点検の方法に関する知識及び技能を有する**危険物取扱者**と**危険物施設保安員**が行います。
なお，危険物取扱者の立会を受けた場合は，危険物取扱者以外の者が漏れの点検方法に関する知識及び技能を有しておれば点検を行うことができます。

② 点検の回数と記録の保存
完成検査済証の交付を受けた日，または前回の点検を行った日から＊**1年**を超えない日までの間に1回以上行い，記録は，**3年間**保存する。

＊移動タンク貯蔵所の場合は5年です（記録は10年間保存する）。

② 予防規程

（P216　問題36～37）

認可 の手続き

予防規程

・製造所等の**所有者等**に作成義務があり，市町村長等が**認可**する

・**給油取扱所**と**移送取扱所**では必ず定める。

（＊自家用屋外給油取扱所は除く）

製造所等の**所有者等**と，その**従業員**は，この予防規程を守らなければなりません。

予防規程を守らなければならない人 ➡ 所有者 予防規程を定める義務がある人

従業員

製造所等（すべてではない）の火災予防のため，**危険物の保安に関し必要な事項**を定めた規程をいいます。

① 予防規程を定めた時と変更した時は市町村長等の認可が必要です。

② 予防規程は，一定の製造所等で一定の指定数量以上の場合に必要となりますが，給油取扱所＊と移送取扱所とでは，指定数量に関係なく必ず定める必要があります。

③ 市町村長等は，必要に応じて予防規程の変更を命じることができます。

④ 予防規程に定める主な事項は次の通りです。

　1．危険物の保安に関する業務を管理する者の職務及び組織に関すること。

　2．危険物保安監督者が旅行，疾病その他の事故によって，その職務を行うことができない場合にその職務を代行する者に関すること。

　3．化学消防自動車の設置その他自衛の消防組織に関すること。

　4．危険物の保安に係る作業に従事する者に対する保安教育に関すること。

　5．危険物の保安のための巡視，点検及び検査に関すること。

　6．危険物施設の運転又は操作に関すること。

　7．危険物の取扱い作業の基準に関すること。

　8．補修等の方法に関すること。

　9．危険物の保安に関する記録に関すること。

10．災害その他の非常の場合に取るべき措置に関すること。

11．顧客に自ら給油等をさせる給油取扱所にあっては，**顧客に対する監視その他保安のための措置に関すること。**

その他，危険物の保安に関し必要な事項

3—5 危険物取扱者と保安体制

① 危険物取扱者 ★★ （P217　問題38〜43）

（P217　問題38〜43）

【1】危険物取扱者とは

　危険物取扱者とは，都道府県知事が行う危険物取扱者試験に合格し，都道府県知事から危険物取扱者の免状の交付を受けた者をいいます（免状交付申請は受験地の知事に行う）。

【2】免状の種類と権限など

表1−1

	取扱える 危険物の種類	無資格者に立会える権限があるか？	危険物保安監督者になれるか？
甲種	全部（1〜6類）	○	○（ただし6ヶ月の実務経験必要）
乙種	免状に指定された類のみ	○	○（ただし6ヶ月の実務経験必要）
丙種	（※）第4類の指定された危険物のみ	×	×

point

危険物取扱者
・知事が免状を交付
・免状は全国で有効

丙種には立会い権限も保安監督者になれる資格もない。

（※）**丙種が取扱える危険物**
・ガソリン
・灯油
・軽油
・第3石油類（重油，潤滑油と引火点が130℃以上のもの）
・第4石油類
・動植物油類

第3編

危険物取扱者と保安体制

こうして覚えよう！

丙種が取扱える危険物
塀が　重いよ〜　動　け！　と　ジュンが言った。
丙種 ガソリン 重油 4石油　動植物　軽油　灯油　潤滑油

（注：第3石油類の引火点が130℃以上のものはゴロに入っていません。）

丙種と立会い権限
・危険物取扱いへ
　の立ち会い権限
⇒なし
・定期点検への立
　ち会い権限
⇒あり

☆　立会いについて
　無資格者でも有資格者（丙種除く）が立会えば危険物の取扱いや定期点検等を行うことができます。
　その場合，甲種危険物取扱者が立会えば全ての**危険物**を，乙種危険物取扱者が立会えば，**その**取扱者の**免状**に指定されている危険物の**取扱い**や定期点検などを行うことができます。

【3】免状の不交付

　次の者は，たとえ試験に合格しても都道府県知事が免状の交付を行わないことができます。

① 都道府県知事から危険物取扱者免状の返納を命じられ，その日から起算して1**年**を経過しない者。
② 消防法または消防法に基づく命令の規定に違反して罰金以上の刑に処せられた者で，その執行を終わり，または執行を受けることがなくなった日から起算して2**年**を経過しない者。

【4】免状の再交付

汚損や破損の場合は，その免状を添えて提出する必要があります。

　免状を「**忘失，滅失，汚損，破損**」した場合は，再交付を申請することができます。
〈申請先〉　①　免状を交付した都道府県知事
　　　　　　②　免状の書換えをした都道府県知事
〈忘失した免状を発見した場合は？〉

忘失免状を発見した場合
10日以内に再交付知事に提出する。

　免状の再交付を受けた者が忘失した免状を発見した場合は，その免状を10**日以内**に再交付を受けた**都道府県知事**に提出しなければなりません（⇒**義務**）。

【5】免状の書換え

②は**市町村及び現住所**ではないので注意してください。

　次の免状記載事項に変更が生じた場合は，書換えを申請する必要があります。
① 氏名
② 本籍地の属する都道府県
③ 免状の写真が10年経過した場合

免状書換えの申請先
・免状交付知事
・居住地（住んでいる所）の知事
・勤務地（働いている所）の知事

〈申請先〉 ① 免状を交付した都道府県知事。

② 居住地の都道府県知事。

③ 勤務地の都道府県知事。

以上の各手続きをまとめると，次のようになります。

表1−2

手 続 き	内　　容	申 請 先
交付	危険物取扱者試験の合格者	試験を行った知事
「再交付」	免状を「忘失，滅失，汚損，破損」した場合	免状を交付した知事 免状の書換えをした知事
「忘失」した免状を発見した場合	発見した免状を10日以内に提出する	再交付を受けた知事
「書換え」	① 氏名 ② 本籍地（都道府県の変更に限る） ③ 免状の写真が10年経過した場合	免状を交付した知事 居住地の知事 勤務地の知事

第3編
危険物取扱者と保安体制

こうして覚えよう！

その1. 書換え内容

　　　書換えよう，シャンとした本　名に
　　　　　　　　写真　　　　本籍　氏名

その2. 書換えと再交付の申請先

　書換えの　近　況　は　最高　かぇ？
　書換え　⇒勤務地　居住地　再交付　⇒書換えをした知事

なお，その他，両方に共通する「免状を交付した知事」も申請先に入ります。

かぇ婆ちゃん

2　保安講習 ★　（P219　問題44〜48）

製造所等において危険物の取扱作業に従事している危険物取扱者は，都道府県知事が行う保安に関する講習※を受講しなければなりません。

【1】受講義務のある者

「危険物取扱者の資格のある者」が「危険物の取扱作業に従事している」場合。

⇒　したがって，次の者は受講義務がありません。

・「危険物取扱者の資格のある者」でも危険物の取扱作業に従事していない場合。

・「危険物の取扱作業に従事している者」でも危険物取扱者の資格のない者。

覚えておこう！　受講義務がない者

①指定数量以上の施設で危険物取扱作業に従事していない危険物取扱者

②指定数量未満の施設※で危険物の取扱作業に従事する者

③消防法令に違反した者

④危険物を車両で運搬する危険物取扱者

⑤危険物保安統括管理者，危険物施設保安員で免状を有しない者（危険物保安監督者は有資格者なので受講義務がある）

① 受講義務がない者

※消防法令に違反した者が受ける講習ではありません

受講義務のある者
免状取得者が取扱作業に従事する場合

受講義務のない者
・資格の無い者
・取扱作業に従事していない者

＊　P157注意しよう！より，これらの施設は「製造所等」ではないからです。

　④の運搬は免状が不要だからです。
なお，移送（P196）の方は免状が必要なので，受講義務があります。

【2】受講期間

原則→㋐　従事し始めた日から**1年以内**，その後は講習を
受けた日以後における最初の4月1日から**3年以**
内ごとに受講します。

　　　㋑　ただし，従事し始めた日から過去2年以内に「免
状の交付」か「講習」を受けた者は，その**交付や**
受講日以後における最初の4月1日から3年以内
に受講すればよいことになっています。

<その他の規定>
・受講義務のある
　危険物取扱者が
　受講しなかった
　場合
　⇒　免状の**返納**
　　命令を受ける
　　ことがある。
・どこの都道府県
　で講習を受講す
　ればいいのか？
　⇒　全国どこの
　　都道府県で受
　　講しても有
　　効。

〈受講期間〉
①従事から**1年以内**，その後，講習後4/1から**3年以内**
②過去**2年以内**に免状交付か講習受講⇒4/1から**3年以内**

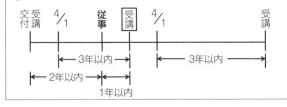

例1）　5年前に危険物取扱者の免状を取得し，3ヶ月前
に危険物の取扱作業に従事し始めた場合。
　　⇒　㋑の「過去2年以内に免状の交付を受けた者」に
は該当しないので，原則通り従事し始めた日から1
年以内，すなわち現在から言うと9ヶ月以内（3ヶ
月前から1年以内なので）に受講する必要があります。

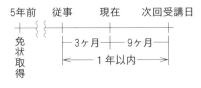

例2）　前回の講習を受けた日から1年後に，新たに取扱
作業に従事し始めた場合。
　　⇒　㋑の「（従事し始めた日から）過去2年以内に講
習を受けた者」に該当するので，前回の講習を受け
た日以後における最初の4月1日から3年以内に受
講すればよいことになります。

危険物保安統括管理者

**＊危険物保安統括
管理者の選任が
必要な施設**
・製造所
・一般取扱所
⇒指定数量の倍数
　が3000以上
・移送取扱所
⇒指定数量以上
(⇒P172余白下参照)

　大量の第4類危険物を取扱う事業所＊においては，危険物の保安に関する業務を統括して管理する者を定め，市町村長等に届け出る必要があります（**解任**した時も届け出る必要があります）。

<u>〜必要な資格は？〜</u>

　特に必要ありませんが，**事業を統括管理できる者**を選任する必要があります。

危険物保安監督者

(P222　問題49〜52)

危険物保安監督者
選任，解任した時
⇓
市町村長等に届け
出る

　政令で定める製造所等の所有者等は，その危険物を取扱うことのできる危険物取扱者の中から**危険物保安監督者**を定め，**市町村長等に届け出る**必要があります（**解任**した時も届け出る必要があります）。

【1】必要な資格は？

**＊実務経験はあく
までも製造所な
どでの実務経験
に限定され，そ
の他の施設では
×なので注意し
てください。**

　「甲種または乙種危険物取扱者」で，製造所等において＊「危険物取扱いの実務経験が**6ヶ月以上ある**」者

☆　乙種は免状に指定された類のみの保安監督者にしかなれません。

☆　丙種危険物取扱者は保安監督者にはなれません。

【2】（指定数量に関係なく）選任する必要がある事業所

　・製造所　　　　　　　・給油取扱所
　・屋外タンク貯蔵所　　・移送取扱所

【3】選任しなくてよい事業所（＝保安監督者が不要な事業所）

　・移動タンク貯蔵所

こうして覚えよう！

監督を選任する必要がある事業所（前ページの【2】）

監督は	外のタンクに	誠	意	を込めて	給油した
	屋外タンク	製造所	移送取扱所		給油取扱所

業務
・作業者への指示
　と監督
・災害時の応急措
　置と消防機関等
　への連絡
・危険物施設保安
　員への指示
・関係する施設と
　の連絡

【4】危険物保安監督者の業務

①　危険物の取扱い作業が「貯蔵または取扱いに関する技術上の基準」や「予防規程に定める保安基準」に適合するように，作業者に対して必要な指示を与えること。

②　火災などの災害が発生した場合は，
　・作業者を指揮して応急の措置を講じる
　・直ちに消防機関等へ連絡する。

③　危険物施設保安員に対して必要な指示を与えること。

④　火災等の災害を防止するため，「隣接する製造所等」や「関連する施設」の関係者との連絡を保つ。

⑤　その他，危険物取扱作業の保安に関し，必要な監督業務。

なお，危険物施設保安員を置かなくてもよい製造所等の危険物保安監督者においては，規則で定める危険物施設保安員の業務を行う必要があります。

⑤ 危険物施設保安員

危険物施設保安員

・資格は不要
・選任，解任した時⇒届け出不要

危険物施設保安員が危険物取扱者や危険物保安監督者に必要な指示を与えることはない！
（危険物施設保安員の業務として，たまに出題例がある）

　一定の製造所等では，危険物保安監督者のもとでその構造および設備にかかわる保安業務の補佐を行う**危険物施設保安員**を選任することが義務づけられています。

　☆　選任および解任した時の届け出は**不要**です。

【1】　必要な資格は？

　不要（無資格者でもなれる）

【2】　危険物施設保安員の業務

①　製造所等の計測装置，制御装置，安全装置等の機能が適正に保持されるように**保安管理**をする。

②　構造及び設備を技術上の基準に適合するよう，定期及び臨時の**点検**を行う（⇒点検の報告義務はない！）。

③　構造及び設備に異常を発見した場合は，**危険物保安監督者**その他関係のある者に**連絡する**とともに適正な措置をとる。

④　定期及び臨時の点検を行ったときは，点検を行った場所の状況及び保安のために行った措置を記録し，保存をする。

⑤　火災が発生したとき，またはその危険性が著しいときは，危険物保安監督者と協力して，応急の措置を講じる。

　以上，危険物保安統括管理者・危険物保安監督者・危険物施設保安員についてまとめると，次のようになります。

危険物施設保安員の選任が必要な施設

・製造所
・一般取扱所
⇒指定数量の倍数が100以上
・移送取扱所
⇒すべて
（⇒P170上の余白にある危険物保安統括管理者と比べてみよう）

表5

	資　格	市長等への届出	必要な施設
危険物保安監督者	甲種か乙種で実務経験が6ヶ月以上ある者	選任，解任時に届け出る	**製造所，移送取扱所**，屋外タンク貯蔵所，給油取扱所
危険物保安統括管理者	不　要	同上	**製造所，移送取扱所**，一般取扱所
危険物施設保安員	不　要	不　要	

例題1　法令上，**危険物施設保安員**について，次のうち正しいものはどれか。

(1)　製造所等の所有者等は，危険物施設保安員を定めたときは，遅滞なくその旨を市町村長等に届け出なければならない。

(2)　危険物施設保安員は，甲種又は乙種危険物取扱者の中から選任しなければならない。

(3)　移送取扱所と指定数量の倍数が100の屋外タンク貯蔵所には，危険物施設保安員を定めなければならない。

(4)　危険物施設保安員は，危険物保安監督者が旅行，疾病その他事故によって職務を行えない場合にその職務を代行しなければならない。

(5)　危険物施設保安員は，製造所等の構造及び設備に係る保安のための業務を行う。

解説

(1)の届け出は不要。(2)の資格は特に不要。(3)は屋外タンク貯蔵所が誤りで，正しくは，**製造所**と**一般取扱所**。(4)は，予防規程の規定です（⇒P164，④の2参照）　　　　　　　　　　　　　　　　　　　　　　　答　(5)

例題2　**危険物施設保安員**の業務に該当しないものは，いくつあるか。

A　火災が発生したとき，またはその危険性が著しいときは，危険物保安監督者と協力して，応急の措置を講じる。

B　製造所等の構造及び設備に異常を発見した場合は，危険物保安監督者その他関係のある者に連絡するとともに状況を判断して適切な措置を講ずること。

C　製造所等における危険物の取扱作業の実施に際し，危険物取扱者に指示を与えること。

D　製造所等の計測装置，制御装置，安全装置等の機能が適正に保持されるようにこれを保安管理すること。

E　定期及び臨時の点検を行ったときは，点検を行った場所の状況及び保安のために行った措置を記録し，消防署長に報告する。

(1)　1つ　　(2)　2つ　　(3)　3つ　　(4)　4つ　　(5)　5つ

解説

Cの指示を与えたりするような権限はありません。また，Eは，記録を保存する義務はありますが，消防署長に報告する義務はありません。　　答　(2)

第3編

危険物取扱者と保安体制

製造所等の位置・構造・設備等の基準

製造所等には次のように，「(1)複数の施設に**共通の基準**」と「(2)各施設に**固有の基準**」があります。

① 複数の施設に共通の基準

1 保安距離 ★

(P224 問題53〜58)

① 保安距離というのは，製造所等に火災や爆発が起こった場合,付近の建築物*(下図参照)に影響を及ぼさない様にするために取る,一定の距離のことをいいます。

② その保安距離を,必要とする施設は次の5つで,対象物の種類により次のように距離が定められています。

＊保安対象物といいます。

〈下図の建築物についての注意事項〉
(a)(b)⇒**地中埋設電線**は含みません。
(c)⇒**敷地内のもの**は対象外
(e)⇒**大学,短大,予備校,旅館**は含みません。
(f)⇒重要文化財の**収蔵庫（倉庫）**は含みません。

保安距離と保有空地が必要な製造所等

	保安距離	保有空地
製造所	○	○
一般取扱所	○	○
屋内貯蔵所	○	○
屋外貯蔵所	○	○
屋外タンク貯蔵所	○	○
簡易タンク貯蔵所（屋外設置）		○
移送取扱所（地上設置）		○

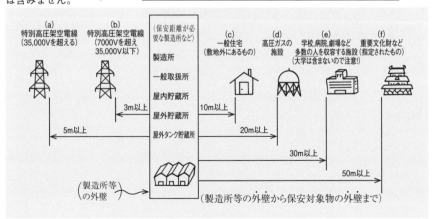

こうして覚えよう！

保安距離

	保安官のト	ニー		**さん**	**が**（「ご」に変える）	
保安距離	10 m	20 m		30 m	50 m	距離
	過	**ご**（「が」に変える）**す**		**学校**	**じゅう,**	
	住む（住宅）	ガス			重要	

せい	**いっぱい**	**外**	**と内**	**でガイダンス**	**する**	保安対象物
製造所	一般	屋外	屋内	屋外タンク		

〈保有空地の必要な施設〉

（上記＋次の2施設）

空き地で	**カン**	**パイ！**
	簡易タンク	（移送取扱所）パイプライン

重要！出た！

製造所の保有空地

指定数量が**10以下**	3m以上
指定数量が**10超**	5m以上

（覚え方⇒
<u>倒</u> <u>産</u> <u>後</u>の
10 3 5
製造所を保有している）

2　保有空地

（P225　問題59）

・保有空地とは，火災時の消火活動や延焼防止のため製造所等の周囲に設ける空地のことをいい，いかなる物品といえどもそこに置くことはできません。

・その保有空地ですが，必要とする施設は**保安距離が必要な施設**に簡易タンク貯蔵所（ただし，**屋外**に設けるもの）と移送取扱所（**地上設置**のもの）を加えた**7つの施設**です。

> 保有空地が必要な施設⇒　保安距離が必要な施設
> 　　　　　　　　　　＋簡易タンク貯蔵所＋移送取扱所

3　建物の構造，および設備の共通基準

（P226　問題60〜62）

建物の構造，設備等にも，各施設に共通の基準があります。

【1】　構造の共通基準（次ページの図参照）

構造の共通基準
・**屋根**
　不燃材料とする。
・**窓**
　網入りガラスとする。
・**床**
　傾斜をつけ「貯留設備（「ためます」など）」を設ける。

（右の下線部）
屋内貯蔵所の場合，はりは不燃材料でよい

表3－1

場　所	構　造
屋根	不燃**材料**で造り，金属板などの軽量な不燃材料で葺く。
主要構造部（壁，柱，床，はり，屋根，階段等）	不燃**材料**で造ること（屋内貯蔵所，**屋内給油取扱所**および延焼の恐れのある外壁は耐火**構造**とすること）。
窓，出入り口	①　防火**設備**（又は特定防火設備）とすること。 ②　ガラスを用いる場合は網入り**ガラス**とすること（〜mm以上という規定はないので注意！）。
床（液状の危険物の場合）	①　危険物が浸透しない構造とすること。 ②　**適当な傾斜をつけ，**「**貯留設備**（「ためます」など）」を設けること。（階段，段差はNG！）
地階	有しないこと。

【2】　設備の共通基準（次ページの図参照）

設備の共通基準
・**可燃性蒸気が滞留する場所**
　蒸気を屋外高所に排出する設備を設ける。
・**避雷設備**
　指定数量が10倍以上の施設に設ける。

表3－2

設　備	設置が必要な場合
採光，照明設備	建築物には**採光，照明，換気**の設備を設けること。
蒸気排出設備と電気設備	可燃性蒸気等が滞留する恐れのある場所では， ①　蒸気等を屋外の高所に排出する設備 ②　防爆**構造**の電気設備 を設けること。
静電気を除去する装置	静電気が発生する恐れのある設備には，接地など静電気を有効に除去する装置を設けること。
避雷設備	危険物の指定数量が10倍以上の施設に設ける。 （**製造所，屋内貯蔵所，屋外タンク貯蔵所等のみ**）

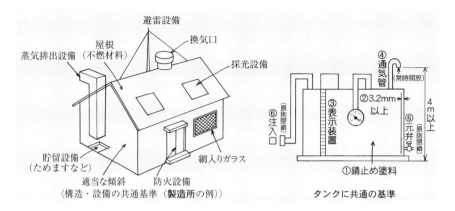

〈構造・設備の共通基準（**製造所の例**)〉　　タンクに共通の基準

タンク施設に共通の基準

・**タンクの外面**
さび止め塗装をする。
・**タンクの厚さ**
3.2mm 以上。
・**計量口**
計量時以外閉鎖する。
・**タンクの元弁**
危険物の出し入れするとき以外は閉鎖する。

【3】 タンク施設に共通の基準

表3-3

①タンクの外面	錆止め塗装をすること。
②タンクの厚さ	3.2mm 以上の鋼板で造ること。
③液体の危険物を貯蔵する場合	その量を自動的に表示する装置を設けること。
④圧力タンク以外のタンクの場合	通気管を設けること（高さは原則地上4m以上。）（圧力タンクの場合は安全装置を設ける。）

〈**通気管の構造**〉…**無弁通気管**（弁がないタイプの通気管）の場合
・直径は**30mm 以上**とすること。
・先端は水平より下に**45度以上**曲げ，雨水の侵入を防ぐ構造とするとともに，細目の銅網などの引火防止装置を設けること。

〈貯蔵の基準〉　表3-4

⑤計量口	計量時（危険物の残量を確認する時）以外は閉鎖しておくこと（移動タンク除く）。
⑥タンクの元弁*注入口の弁（ふた）	危険物の出し入れをするとき以外は閉鎖しておくこと。（*移動タンクの場合は底弁）（注：簡易タンク除く....元弁がないので）

（配管の基準について）
①　配管は，十分な強度を有し，最大常用圧力の**1.5倍以上**の圧力で行う水圧試験を行ったとき，漏えいその他の異常がないものでなければならない。
②　配管を地下に設置する場合は，その上部の地盤面にかかる重量が当該配管にかからないように保護すること。

② 各危険物施設に固有の基準

各施設の基準は，p176の3「建物の構造，および設備の共通基準」に次の固有の基準を併せたものです。

（注：㊇は保安距離，㊒は保有空地です）

細かい数値に惑わされず，概略を把握するつもりで目を通そう。

1 製造所　㊇○，㊒○

p176の3【1】と【2】を参照

2 屋内貯蔵所　㊇○，㊒○

（P227　問題63）

① 床面積は1000m²以下とすること。

② 平屋建てとし，軒高（地盤面から軒までの高さ）は6m未満とすること。

③ 天井は設けないこと。

④ 容器に収納した危険物の温度は，55℃を超えないこと。

⑤ 容器の積み重ね高さは3m以下とすること（一部例外あり）。

⑥ 壁，柱，床を耐火構造とし，はりを不燃材料とする。

屋内貯蔵所
・床面積は1000m²以下。
・天井は設けない。
・危険物の温度は55℃を超えないようにする。
容器の積み重ね高さは3m以下

⑥はP176表3－1参照

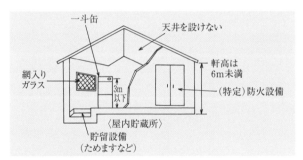

一斗缶　天井を設けない
網入りガラス
3m以下
軒高は6m未満
（特定）防火設備
〈屋内貯蔵所〉
貯留設備（ためますなど）

3 屋外貯蔵所　㊇○，㊒○

（P227　問題64～65）

① 周囲にさく等を設けて明確に区画すること。

② 架台の高さは6m未満とすること。

③ 設置場所は，湿潤でなく排水の良い場所に設けること（容器の腐食を防ぐため）。

屋外貯蔵所
貯蔵可能な危険物
↓
・第2類の硫黄と引火性固体。
・第4類（特殊引火物は除く）。
↓
ガソリンは貯蔵できない。
容器の積み重ね高さは3m以下

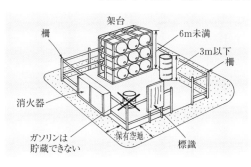

④ 容器の積み重ね高さは**3m以下**とすること（一部例外あり）。

⑤ 屋外貯蔵所は日光や風雨にさらされるため，貯蔵可能な危険物は次のように限定されています*。

・第2類の危険物のうち，硫黄または引火性固体

・第4類の危険物のうち，特殊引火物を除いたもの（第2類の引火性固体，第4類の第1石油類は引火点が0℃以上のものに限る⇒ <u>ガソリンは貯蔵できない</u>。）

---

4 屋内タンク貯蔵所 安× , 有× （P228 問題66）

① タンクと壁，およびタンク相互の間隔は**0.5m以上**あけること（⇒点検や保守に必要な空間をとるため）。

② タンクの容量（タンクが2つ以上ある場合はその容量を合計する）は指定数量の**40倍以下**とすること。

　　ただし，第4石油類と動植物油以外の第4類危険物は**20000ℓ以下**とすること。

※ ⑤については P152, 表2-1 も参照して下さい。

こうして覚えよう！
外は　西
屋外　2・4類
異様なイカ　は
硫黄　引火性　0℃
　　　固体
いっせいに飛んでいる
1石油

タンク専用室は，屋根を不燃材料で作り，かつ，天井を設けてはいけません。

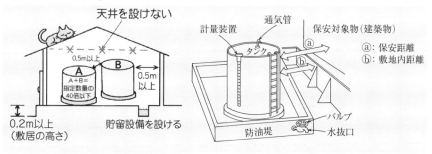

屋内タンク貯蔵所　　　　　屋外タンク貯蔵所

第3編 製造所等の位置・構造・設備等の基準

屋外タンク貯蔵所
・**防油堤の高さ**
　0.5m 以上。
・**防油堤の容量**
　タンク容量の
　110%以上。

5 屋外タンク貯蔵所

⑤○，⑥○

① 防油堤　　　　　　　　　　　　　（P228　問題67～68）

　液体の危険物（二硫化炭素は除く）を貯蔵するタンクの周囲には，危険物の流出を防止するための防油堤を設ける必要があります（⇒液体以外の危険物には不要）。

② 防油堤の高さ

　0.5m 以上とすること。

③ 防油堤の容量

　・タンク容量の**110%以上**（＝1.1倍以上）とすること。

　・タンクが2つ以上ある場合は，その中で最大のタンク容量の**110%以上**とすること。

例）同一の防油堤内に重油300kℓ，ガソリン500kℓ のタンクがある場合の防油堤の容量は？

　⇒　最大のタンク容量はガソリンの500kℓ なので，防油堤の容量はその1.1倍以上。すなわち500×1.1＝550kℓ 以上必要ということになります。

④ 防油堤内の滞水を外部に排水するための**水抜き口**と，これを開閉する**弁**（**通常は閉じておく**）を防油堤の**外部**に設けること（防油堤に水が溜った場合は，弁を開けて排水する必要があります）。

6 地下タンク貯蔵所

⑤×，⑥×

（P229　問題69）

① タンクと壁の間隔は**0.1m 以上**の間隔をとり，周囲に乾燥砂を詰めること。

② タンク頂部から地盤面までは**0.6m 以上**あること。

③ タンクの周囲には，危険物の漏れを検査する漏えい検知管を**4箇所以上**設けること。

④ 第5種消火設備を**2個以上**設置すること。

⑤ 液体の危険物の地下貯蔵タンクへの注入口は，屋外に設けること（**重要**）。

タンク相互は**1.0
m以上**あけます。

出た！

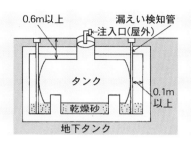

地下タンク

7　簡易タンク貯蔵所

安×，有○　（P229　問題70）

簡易タンク貯蔵所
・**タンク容量**
　600 ℓ以下
・**タンクの個数**
　3基以下

① タンクの容量は600ℓ**以下**とすること。

② タンクの個数は3**基以下**とすること（ただし，同一品質の危険物は2**基以上**設置できません）。

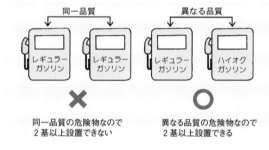

同一品質の危険物なので
2基以上設置できない

異なる品質の危険物なので
2基以上設置できる

8　移動タンク貯蔵所

★★　安×，有×

（P230　問題71～75）

移動タンク貯蔵所
・**タンクの容量**
　30000 ℓ以下
　4000 ℓ以下ごと
　に区切った間仕
　切りを設ける。
・**消火設備**
　第5種を2個以
　上設ける。

　移動タンク貯蔵所とは，タンクローリーのように車両に固定されたタンクで危険物を貯蔵，または取扱う施設のことをいいます。

① 車両を常置する（いつも置く）場所

　㋐ 屋外：防火上安全な場所

　㋑ 屋内：耐火構造又は不燃材料で造った建築物の1階

② タンクの容量は30000ℓ**以下**とし，内部に4000ℓ**以下**ごとに区切った間仕切り板を設けること。

　　また，タンク室が2000ℓ**以上**の場合には防波板を設けること。

第3編
製造所等の位置・構造・設備等の基準

移動タンク
貯蔵所とは
要するに，
タンクローリー
のことです。

類　別
1.品　名　　　kℓ
2.品　名　　　kℓ
最大数量　　　kℓ
表示板

③　ガソリンやベンゼンなど，静電気が発生する恐れが
　ある液体の危険物用のタンクの場合
　⇒　タンクに接地導線（アース）を設けること。
④　標識など
　㋐　車両の前後の見やすい箇所に「危」の標識を掲げ
　　ること。
　㋑　危険物の類，品名，最大数量を表示する設備を見
　　やすい箇所に設けること。
⑤　消火設備
　⇒　自動車用消火器を2個以上設置すること。
⑥　タンクの底弁は，使用時以外は閉鎖しておくこと。
⑦　＊規定の書類を常時（移送中も！）備えておくこと。

タンクローリーにも
2個以上

こうして
覚えよう！

家 庭 返 上
完成 定期 変更 譲渡

（＊規定の書類）
1．完成検査済証
2．定期点検記録
3．譲渡，引き渡しの届出書
4．（品名や数量などの）変更届出書

注意しよう !!

☆　**底弁**（前ページの⑥参照）と**元弁**（P177タンク施設に共通の
基準の表3−4参照）の違いがよく問われるので注意！
「移動タンクや簡易タンク**以外**のタンクには**元弁**」,
「移動タンクには**底弁**」が設けられており, いずれも使用時以外
閉鎖する必要があり
ます。

〈取扱いの基準〉

①の危険物
を注入する
際は, 移動
タンク貯蔵所の接
地導線を給油取扱
所の接地端子に取
り付ける必要があ
ります。

①　移動貯蔵タンクから危険物を注入する際は, 注入ホー
スを注入口に緊結すること（ただし, **引火点が40℃
以上**の危険物を指定数量未満のタンクに注入する際
は, この限りでない。
（＝緊結しなくてもよい）。

②　タンクから液体の危険物を容器に詰め替えないこと。
ただし, **引火点が40℃以上の第4類危険物**の場合は
詰め替えができます。この場合,
㋐先端部に**手動開閉装置**が付いた注入ノズルを用い,
㋑**安全な注油速度**
で行うこと。

③　**引火点が40℃未満**の危険物を注入する場合
⇒　移動タンク貯蔵所（タンクローリー）のエンジン
を停止させること。（エンジンの点火火花による引火
爆発を防ぐため）

販売取扱所
・第1種→15以下
・第2種→15を超え40以下

9　販売取扱所

安×，有×

　販売取扱所とは，塗料や燃料などを容器入りのままで販売する店舗のことをいい，第1種販売取扱所と第2種販売取扱所とに区分されています。

第1種販売取扱所	指定数量の倍数が15以下のもの
第2種販売取扱所	指定数量の倍数が15を超え40以下のもの

① 　店舗は建築物の1階に設置すること。
② 　運搬容器の基準に適合した容器に収納し，容器入りのままで販売すること。
③ 　危険物の配合は，配合室以外で行わないこと。

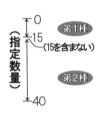

10　給油取扱所

特急 安×，有×
(P232　問題76〜77)

① 　自動車が出入りするための間口10m 以上，奥行6 m 以上の空地（給油空地）を保有すること。
② 　空地の構造
　㋐地盤面を周囲より高くし，表面に傾斜をつけ（危険物や水が溜まらないようにするため），コンクリートなどで舗装すること。
　㋑漏れた危険物等が空地以外の部分に流出しないよう，排水溝と油分離装置を設けること。

給油取扱所
・給油空地
　間口：10m 以上
　奥行：6m 以上
空地の構造
　傾斜をつけ排水溝と油分離装置を設ける。

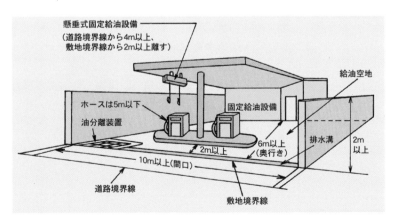

専用タンク：
　　　　　　制限なし
廃油タンク：
　　　　10000ℓ 以下

④「付近の住民が利用するための診療所」「ゲームセンター」「遊技場」「立体駐車場」などは設置することはできません。

③　地下タンク
　㋐専用タンク：容量に制限なし
　㋑廃油タンク：10000ℓ 以下

④　給油取扱所内に設置できる建築物の用途
　１．給油または灯油若しくは軽油の詰め替えのための作業場
　２．給油取扱所の業務を行うための事務所
　３．給油等のために給油取扱所に出入りする者を対象とした店舗，飲食店または展示場
　４．自動車等の点検・整備を行う作業場
　５．自動車等の洗浄を行う作業場
　６．給油取扱所の所有者等*が居住する住居またはこれらの者に係る他の給油取扱所の業務を行うための事務所（*勤務する者の住居は不可です！）

取り扱いの基準
・給油中はエンジン停止。
・引火点を有する液体洗剤を使わない。

移動タンク貯蔵所から給油取扱所の専用タンクに危険物を注入する場合に行う安全対策
・地下専用タンクの計量口のふたは，残油量を確認したらすぐに閉める（注入が終了するまで開け放しにしない）。
・消火器は注入口の風上となる場所を選んで配置する。

〈取り扱いの基準〉
①　固定給油設備を用いて自動車等に直接給油する。その際，自動車等のエンジンを停止させ，給油空地からはみ出ない状態で給油する必要があります。
②　給油取扱所の専用タンク等に危険物を注入する時は，そのタンクに接続する固定給油（注油）設備の使用を中止し，自動車等を注入口の近くに近づけないこと。
③　自動車等を洗浄する時は引火点を有する液体洗剤を使わないこと。
　　（⇒　引火の危険があるため）
④　物品の販売等の業務は原則として建築物の１階のみで行う必要があります。
　　（⇒　客の安全のため）
⑤　給油の業務が行われていない時は係員以外の者を出入りさせないこと。

第3編
製造所等の位置・構造・設備等の基準

①

SELF

重要

注意しよう‼

セルフ型スタンド
には次の事項を表
示する必要があり
ます。

・**自ら給油を行う
ことができる旨**
・**自動車等の停止
位置**
・**危険物の品目**
・**ホース機器等の
使用方法**

など
（営業時間は不要
です！）

④**セルフ型
スタンド**に
は，**制御卓**
と称されるコント
ロールブースを設
け，顧客が自ら行
う給油設備等の監
視を行ったり，放
送機器等を用いて
顧客に指示を行え
るようにする必要
があります。

⑤

第3種消火設備

〈**セルフ型スタンドの基準について**〉

　セルフ型スタンドとは，「**顧客に自ら給油等をさせる給
油取扱所**」のことで，前述の給油取扱所の基準のほかに，
次の特例が付加されます。

　①　顧客に自ら給油等をさせる給油取扱所である旨の表
　　示（「セルフ」など）をすること（左記のイラスト参照）。

　②　固定給油設備の構造等について

　㋐給油ノズルは，燃料がタンクに**満量**になった場合，
　　下線_自動的に停止すること（⇒ブザーは不要）。

　㋑給油量,および給油時間の上限を予め設定できること。

　㋒地震の際は,危険物の供給を自動的に**停止**できること。

　㋓給油ホースは，**著しい引張力**が加わった場合に**安全
　　に分離する構造**であること。

　㋔**ガソリン**と**軽油**相互の**誤給油を防止**できる構造であ
　　ること（**重要**）。

　㋕**固定給油設備**等には,顧客の運転する自動車等が**衝突
　　**することを防止するための措置（柵など）を行うこと。

　㋖顧客は，**顧客用固定給油設備**以外の固定給油設備で
　　は給油できません。

　③　固定注油設備の構造について⇒②の㋐㋑㋒と同じ。

　④　制御卓で行う監視や制御などについて

　　・顧客の給油作業等を直視等により監視すること。

　　・顧客が給油作業を行う場合は,火の気がないこと,
　　　その他安全上支障のないことを確認してから実施
　　　させること。

　　・顧客の給油作業等が終了した時は，給油作業等が
　　　行えない状態にすること。

　　・放送機器等により顧客に指示が行えること。

　⑤　消火設備は,**第3種固定式泡消火設備**を設けること。
　　（左記のイラスト参照）

┌─────────────────────────────┐
│〈**ここに注意！**〉
│法令に適合したガソリン携行缶であっても，顧客自らガ
│ソリンを容器に給油，詰め替えることはできません（⇒
│必ず従業員が行う）。
└─────────────────────────────┘

11　各危険物施設の基準のまとめ

〈距離や高さ〉　　　　　　　　　　　　　　　　　　　　　　　　　　　表1

	屋内タンク貯蔵所	屋外タンク貯蔵所	地下タンク貯蔵所	簡易タンク貯蔵所	移動タンク貯蔵所	給油取扱所
①タンクと壁	0.5m以上		0.1m以上	0.5m以上		
②タンク相互	0.5m以上		1.0m以上			
③防油堤の高さ		0.5m以上				
④給油空地						間口10m以上 奥行6m以上
⑤通気管の位置	地上4m以上，窓から1m以上離す	位置の規定なし	地上4m以上，窓から1m以上離す			
⑥タンクの頂部（地下タンク貯蔵所）			地盤面から0.6m以上			

〈タンクなどの容量や個数〉　　　　　　　　　　　　　　　　　　　　　表2

| タンク容量 | 指定数量の40倍以下。第4類は20000ℓ以下（第4石油類と動植物油除く） | 制限なし | 制限なし | 600ℓ以下 | 3万ℓ以下（4000ℓ以下ごとに間仕切り必要） | 専用タンク：制限なし 廃油タンク：1万ℓ以下 |

〈その他〉　　　　　　　　　　　　　　　　　　　　　　　　　　　　　表3

①　消火設備			第5種消火設備（小型消火器）が2個以上		第5種消火設備（自動車用消火器）が2個以上	
②　敷地内距離		必要				

〈屋内貯蔵所と屋外貯蔵所の比較〉　　　　　　　　　　　　　　　　表4

	屋内貯蔵所	屋外貯蔵所
①　貯蔵できる危険物が限定されている　施設は？	（制限なし）	・2類は硫黄と引火点0℃以上の引火性個体。 ・特殊引火物を除く4類（第1石油類は引火点0℃以上のみ）
②　危険物の温度に規定があるものは？	○（55℃以下にする）	
③　容器の積み重ね高さは？	3m以下	3m以下

天井を設けてはいけない施設 （注：屋根は設けてもよい）	屋内貯蔵所，屋内タンク貯蔵所

〈保安距離と保有空地が必要な製造所等〉　　　　　　　　　　　　　表5

	保安距離	保有空地
製造所	○	○
屋内貯蔵所	○	○
屋外貯蔵所	○	○
屋外タンク貯蔵所	○	○
一般取扱所	○	○
簡易タンク貯蔵所（屋外設置）		○
移送取扱所（地上設置）		○

3－7 貯蔵・取扱いの基準

（すべての製造所等に共通の基準です。）

（P233問題78〜84）

★point★

貯蔵・取扱いの基準

① 許可や届け出をした内容と違うものを貯蔵したり取扱わないこと。

② 「貯留設備（「ためます」など）」や油分離装置に溜った危険物は随時くみ上げる。

③ 危険物のくず，かすは1日に1回以上処理する。

④ 危険物を保護液から露出させない。

⑤ 類が異なる危険物は同時貯蔵しない。

1 貯蔵・取扱いの基準

〈重要事項〉

① 許可や届け出をした{品名以外の危険物 / 数量（または指定数量の倍数）}を超える危険物を貯蔵または取扱わないこと。

② 「**貯留設備**（「ためます」など）」や**油分離装置**にたまった危険物はあふれないように**随時くみ上げる**こと。

（⇒ あふれると火災予防上危険であるため。）

貯留設備（ためます）

随時くみ上げる

③ 危険物のくず，かす等は**1日に1回以上**，危険物の性質に応じ安全な場所，および方法で廃棄や適当な処置（焼却など）をすること。

④ 危険物を保護液中に貯蔵する場合は，保護液から露出しないようにすること（＝外にはみ出ないようにする）。

⑤ **類を異にする危険物**は，原則として同一の貯蔵所に貯蔵しないこと（⇒それぞれの危険性が合わさり，その分災害が発生する危険性が大きくなるため）。

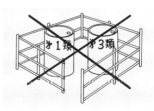

第3編

貯蔵・取扱いの基準

⑥ 危険物以外貯蔵しない。

☆⑦と⑨の違いに注意！
・可燃性蒸気や微粉の場合
⇒**火花**禁止
・それ以外の場所
⇒<u>不必要な**火気**</u>禁止（必要な火気は可能）

⑥ 貯蔵所には，原則として**危険物以外の物品**を貯蔵しないこと。

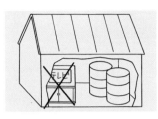

⑦ 可燃性の液体や蒸気などが漏れたり滞留，または可燃性の微粉が著しく浮遊する恐れのある場所では，電線と電気器具とを完全に接続し，**火花を発するもの**を使用しないこと。

⑧ 危険物が残存している設備や機械器具，または容器などを修理する場合。
⇒ 安全な場所で**危険物を完全に**<u>除去してから</u>行うこと。

⑨ **みだりに火気**を使用しないこと（注：絶対に禁止ではない）。

〈**一般的事項**〉（常識的な事項）

⑩危険物を貯蔵し，又は取り扱う場合には，危険物が漏れ，あふれ又は飛散しないように必要な措置を講じなければならない。

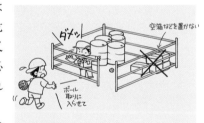

⑪ みだりに係員以外の者を出入りさせないこと。

⑫ 常に整理，清掃を行い，みだりに空箱などの不必要なものを置かないこと。

⑬ 建築物等は，危険物の性質に応じた**有効な遮光**または**換気**を行うこと。

⑭ 温度計や圧力計などを監視し，危険物の性質に応じた適正な温度，圧力などを保つこと。

⑮ 容器は危険物の性質に適応し，破損や腐食，裂け目などがないこと。

⑯　容器を貯蔵，取扱う場合は，粗暴な行為（みだりに転倒，落下，または衝撃を加えたり引きずる，などの行為）をしないこと。

2　消費する際の基準

消費する際の基準
↓
塗料や燃料などの危険物を塗装作業や燃焼などに使用する際の基準

表１

①	吹き付け塗装をする場合	防火上有効な隔壁等で区画された安全な場所で行うこと。
②	焼き入れ作業をする場合	危険な温度に達しないように行うこと。
③	染色や洗浄作業をする場合	可燃性蒸気の換気をよくして行い，生じた廃液は安全に処置をすること。
④	バーナーを使用して危険物（燃料）を燃焼させる場合	逆火を防ぎ，危険物（燃料）があふれないようにすること。

3　廃棄する際の基準

表２

①	焼却する場合	安全な場所で見張人をつけ，他に危害を及ぼさない方法で行うこと。
②	埋没する場合	危険物の性質に応じ，安全な場所で行うこと。
③	危険物を海中や水中に流出（または投下）させないこと。	

焼却は安全な場所で
見張人をつけて行うこと。

危険物を川や海に流出
（又は投下）させないこと。

第3編

貯蔵・取扱いの基準

3-8 運搬と移送の基準

（P237　問題85～90）

★point★

運搬
・タンクローリー
以下による輸送。
・危険物取扱者は
乗車しなくても
よい。

移送
・タンクローリー
などによる輸送。
・危険物取扱者の
乗車が必要。

〈運搬と移送の違い〉

・**運搬**というのは，移動タンク貯蔵所（タンクローリー）以外の車両（トラックなど）によって危険物を輸送することをいいます。

・これに対して**移送**というのは，**移動タンク貯蔵所**（タンクローリーなど）によって危険物を輸送することをいいます。

① 運搬の基準

1 運搬容器の基準

① 容器の材質は**鋼板，アルミニウム板，ブリキ板，ガラス**などを用いたものであること。

② **塊状の硫黄**等を運搬するため積載する場合は，運搬容器に収納しなくてよい。

③ 容器の外部には，次の表示が必要です。

指定数量未満のたとえ少量の危険物であっても**運搬**の基準は適用されるので注意しよう。

＊危険等級
Ⅰ：**特殊引火物**
Ⅱ：**第1石油類**
（ガソリン，ベンゼン，アセトンなど）**アルコール類**
Ⅲ：Ⅰ，Ⅱ以外の第4類
⇒出題されたことがあります。

出た!

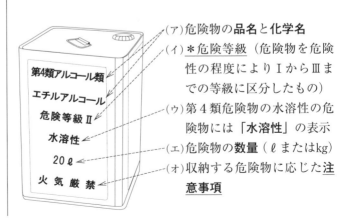

(ア)危険物の**品名と化学名**

(イ)**＊危険等級**（危険物を危険性の程度によりⅠからⅢまでの等級に区分したもの）

(ウ)第4類危険物の水溶性の危険物には「水溶性」の表示

(エ)危険物の**数量**（ℓまたはkg）

(オ)収納する危険物に応じた**注意事項**

P 198 の掲示板の表示とほぼ同じですが，掲示板では，第1類は「禁水」（アルカリ金属の過酸化物のみ），第5類は「火気厳禁」となっているところが運搬容器の表示と違うところです。

（＊：第1類のアルカリ金属の過酸化物と第2類の鉄粉，金属粉，マグネシウムも禁水です。）

〈参考資料〉　第4類以外の危険等級

・Ⅰ：第3類の**カリウム，ナトリウム，黄リン，第6類危険物**

・Ⅱ：第2類の**赤リン，硫黄**

（オ）の容器外部に表示する注意事項は，次のとおりです。

第1類危険物	**・火気・衝撃注意** **・可燃物接触注意**	
第2類危険物	**・火気注意** 　（引火性固体のみ火気厳禁）	
第3類危険物	自然発火性物品	**・空気接触厳禁** ・火気厳禁
	禁水性物品	**・禁水** ＊
第4類危険物	・火気厳禁	
第5類危険物	・火気厳禁，衝撃注意	
第6類危険物	**・可燃物接触注意**	

第3編

運搬と移送の基準

こうして覚えよう！

容器に表示する事項

陽気なヒ　ト　なら（アルコールの）量
容器　品名 等級　名（化学名）　　　　　　数量

に注意　するよう
注意事項　　水溶

2　積載方法の基準

① 危険物は，原則として運搬容器に収納して積載すること。

② 容器は，収納口を上方に**向けて**積載すること。

③ 容器を積み重ねる場合は，高さ3m以下とするこ

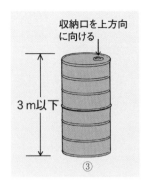

収納口を上方向
に向ける

3m以下

③

混載できる組み合わせ
1類－6類
2類－5類か4類
3類－4類
4類－2類, 3類5類

と。

④　特殊引火物は遮光性の被覆で覆うこと（日光の直射を避けるため）。

⑤　類の異なる危険物を同一車両で運搬する場合（これを混載という），次のように混載できる場合とできない場合があります。

表2

	第1類	第2類	第3類	第4類	第5類	第6類
第1類		×	×	×	×	○
第2類	×		×	○	○	×
第3類	×	×		○	×	×
第4類	×	○	○		○	×
第5類	×	○	×	○		×
第6類	○	×	×	×	×	

○は混載できる場合
×は混載できない場合

（注）混載の一方の危険物が指定数量の1/10以下なら×の組み合わせでも混載が可能です。

こうして覚えよう！

混載できる組み合わせ

```
  1－6
  2－5, 4
  3－4
↓ 4－3, ↓ 2, 5
```

左の部分は1から4と順に増加
右の部分は6，5，4，3と下がり，2と4を逆に張り付け，そして最後に5を右隅に付け足せばよい。

3　運搬方法

①　容器に著しい摩擦や動揺が起きないように運搬すること。

②　運搬中に危険物が著しく漏れるなど災害が発生するおそれがある場合は，応急措置を講ずるとともに消防

運搬方法
- 危険物取扱者の同乗は不要。
- 指定数量以上の危険物を運搬する場合は「危」の標識を掲げること。
- 一時停止させる場合は，安全な場所を選ぶ。
- 消火設備の設置。

機関等に通報すること。

③　指定数量**以上**の危険物を運搬する場合は次のようにする必要があります。

(ア)　**0.3メートル平方**の地が**黒色**の板に**黄色**の反射塗料で「危」と表示した標識を，車両の前後の見やすい箇所に掲げなければならない。

(イ)　休憩などのために車両を一時停止させる場合は，安全な場所を選び，危険物の保安に注意すること。

(ウ)　運搬する危険物に適応した消火設備を設けること。

例題　[……○×で答える]

危険物を収納した運搬容器の外部には，黒色の板に黄色の反射塗料その他反射性を有する材料で「危」と表示しなければならない。

ただし，塊状の硫黄等を運搬するため積載する場合等は除く。

解説

⇒「危」の標識は運搬容器ではなく，**車両の前後**に取り付ける必要があり，また，必ず取り付けるのではなく，「**指定数量以上**」の場合です。

正解　×

② 移送の基準

（P239　問題91～94）

指定数量以上の危険物を貯蔵できるタンクを有するものを移動タンク貯蔵所といい，この移動タンク貯蔵所によって危険物を運ぶ行為を移送といいます。
　従って，指定数量未満の貯蔵タンクしかない小型のタンクローリーは，移動タンク貯蔵所とはならず，免状も必要としません。
（移動タンク貯蔵所による移送は消防法，指定数量未満の貯蔵タンクで危険物を運ぶ場合は火災予防条例で規制されます）

（移動タンク貯蔵所で危険物を運ぶ際の基準）

① 移送する危険物を取り扱うことができる危険物取扱者が乗車し，免状を携帯すること（必ずしも運転手が危険物取扱者である必要はなく，助手でもよい）。

移送の場合，免状は必ず携帯する

② 移送開始前に，移動貯蔵タンクの点検を十分に行うこと（タンクの底弁，マンホール，注入口のふた，消火器など）。

③ 移動貯蔵タンクから危険物が著しく漏れるなど災害が発生するおそれのある場合は，応急措置を講じるとともに**消防機関等に通報**すること。

④ 長距離移送の場合は，原則として**2名以上**の運転要員を確保すること。

　なお，消防吏員または警察官は，火災防止のため必要な場合は，移動タンク貯蔵所を停止させ，危険物取扱者免状の提示を求めることができます。

製造所等に設ける共通の設備等

（標識，および消火・警報設備）

① 標識・掲示板 （P241 問題95）

（P241 問題95）

★ point ★

標識は幅 **0.3m以上**，長さ**0.6m以上**，文字は**黒**で地の色は**白色**というのも，たまに出題されています。

1 標識

　製造所等には，見やすい箇所に危険物の製造所等である旨を示す標識を設ける必要があります。

（標識，掲示板はタテ書きヨコ書きどちらでもよい）。

表1

① 製造所等の場合	②・移動タンク貯蔵所の場合 ・危険物運搬車両 〃
名称を書いた標識を，下の図のように設けます。 ←—0.6m 以上—→ 黒文字→危険物製造所 ┃0.3m 　　　　　　　　　　 ┃以上 白地 （縦にしてもよいが，その場合，文字は縦書きとする）	下の図のような標識を車の前後に設けます。 　　　　　　0.3m以上 　　　　　　0.4m以下 文字： 黄色の反射塗料 危 （夜間走行のため）　　0.3m以上 　　　　　　　　　　 0.4m以下 黒地 （注）危険物運搬車両の場合は**0.3m四方**です。 （P.195③(ア)参照）

〈表1－②の危の標識〉

（運搬）　　　　　（移送）

○ 　　×

2　掲示板

掲示板とは，貯蔵または取扱う危険物の内容や注意事項などを表示したものをいいます。

＊危険物保安監督者の氏名や職名は選任が必要な製造所等のみです。

① **貯蔵または取扱う危険物の内容を表示する掲示板**

⇒危険物の種類や品名，最大数量などを表示します。

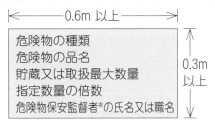

０.６m 以上

危険物の種類
危険物の品名
貯蔵又は取扱最大数量
指定数量の倍数
危険物保安監督者＊の氏名又は職名

０.３m 以上

掲示板
・地：赤色（禁水のみ青色）
・文字：白色

火気厳禁
　２・３・４・５類

火気注意
　２類

禁水
１・３類（一部のみ）
（第１類はアルカリ金属の過酸化物等，第３類は禁水性物質，アルキルアルミニウム，アルキルリチウム…以上参考資料です。）

② **注意事項を表示する掲示板**

０.３m 以上　　　　　　白文字

火気厳禁　　火気注意　　禁水

０.６m 以上

───赤地───（「火」だから赤い）　　青地（「水」だから青い）

第２・３・４・５類　　　第２類　　　第１・３類
（掲示の対象となる危険物の種類）　　　　（一部の物質のみ）

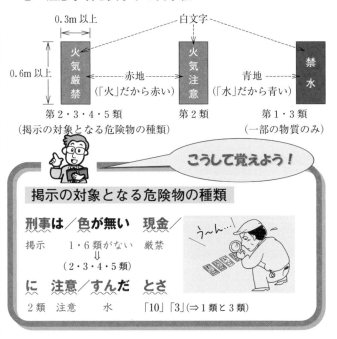

こうして覚えよう！

掲示の対象となる危険物の種類

刑事は／色が無い　現金／

掲示　　１・６類がない　　厳禁
　　　　　　　⇓
　　　　（２・３・４・５類）

う〜ん…

に　注意／すんだ　とさ

２類　　注意　　水　　「10」「3」（⇒１類と３類）

標識・掲示板の大きさ　⇒　0.3m 以上×0.6m 以上（「危」除く）

③ **その他の掲示板**

給油取扱所のみに掲示するもの　⇒　給油中エンジン停止

② 消火設備 （P241　問題96〜103）

1　消火設備の種類

製造所等には消火設備の設置が義務づけられていますが，その消火設備には次の5種類があります。

表2-1

種別	消火設備の種類	消火設備の内容
第1種	屋内消火栓設備 屋外消火栓設備	
第2種	スプリンクラー設備	
第3種	固定式消火設備	水蒸気消火設備 水噴霧消火設備 泡消火設備 不活性ガス消火設備 ハロゲン化物消火設備 粉末消火設備
第4種	大型消火器	（第4種，第5種共通）　　　（　）内は第5種の場合 　水（棒状，霧状）を放射する大型（小型）消火器 強化液（棒状，霧状）を放射する大型（小型）消火器 　　　　　泡を放射する大型（小型）消火器
第5種	小型消火器 水バケツ，水槽， 乾燥砂など	二酸化炭素を放射する大型（小型）消火器 ハロゲン化物を放射する大型（小型）消火器 消火粉末を放射する大型（小型）消火器

こうして覚えよう！

（消火器は）**栓を　する**
　　　　　　消火栓　スプリンクラ
　　　　　　（第1種　第2種）

設備　だ　しょう（だ）
消火設備　大（型）　小（型）
第3種　第4種　　第5種）

第3編

製造所等に設ける共通の設備等

第1種消火設備

屋内消火栓設備

第2種消火設備

スプリンクラー設備

第3種消火設備

水噴霧消火設備

第4種消火設備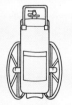

大型消火器

第5種消火設備

小型消火器

2　消火設備の設置基準

① 消火困難性による製造所等の区分と（そこに）設置すべき消火設備

表2－2

消火困難性による区分	設置すべき消火設備
著しく消火困難な製造所等	第1種第2種第3種 ＋ 第4種 ＋ 第5種 のうちいずれか1つ
消火困難な製造所等	第4種 ＋ 第5種
その他の製造所等	第5種

② その他

(ア) **地下タンク貯蔵所の消火設備**
第5種消火設備を2個以上設置する。

(イ) **移動タンク貯蔵所の消火設備**
自動車用消火器を2個以上設置する。

(ウ) **電気設備の消火設備**
（電気設備のある場所の）100m²ごとに1個以上設置する。

(エ) 消火設備から防護対象物までの**歩行距離**
・第4種消火設備：**30m以下**
・第5種消火設備*：**20m以下**

3　所要単位

所要単位とは，製造所等に対してどのくらいの消火能力を有する消火設備が必要であるか，というのを定めるときに基準となる単位で，**1所要単位**は次のように定められています。

表2－3　1所要単位の数値

	外壁が**耐火構造**の場合	外壁が**耐火構造でない**場合
製造所・取扱所	延べ面積　100m²	×1／2　（50m²）
貯蔵所	延べ面積　150m²	×1／2　（75m²）
危険物	指定数量の**10倍**	

*
●第5種消火設備について
①有効に消火できる位置に設ける製造所等
　・簡易タンク貯蔵所
　・移動タンク貯蔵所
　・地下タンク貯蔵所
　・給油取扱所
　・販売取扱所
②歩行距離20m以下に設ける施設
　・①以外の製造所等
（右の②の（エ）参照）

所要単位の数値（特に危険物の10倍）は，試験によく出題されます。

3 警報設備 (P244　問題104)

警報設備

・指定数量の10倍
（1所要単位）
以上の製造所等
に設置

・移動タンク貯蔵
所には不要

事故が発生したときに危険を知らせる設備です。

1 警報設備が必要な製造所等

⇒　指定数量の10倍以上の製造所等

☆　移動タンク貯蔵所には**不要**です。

2 警報設備の種類

（下線部は【こうして覚えよう】に使う部分です）

① 自動火災報知設備

② 拡声装置

③ 非常ベル装置

④ 消防機関に報知できる電話

⑤ 警鐘

③を非常電話，手動サイレン，自動サイレンと変えて出題されることがありますが，当然×です。

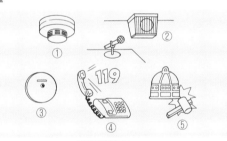

こうして覚えよう！

（警報の）　字　書く　秘　書　K

自　　拡　　非　　消　　警

★ hint ★

危険物とは

（本文→P152）

別表第1（巻末）参照

 過酸化水素は第6類の酸化性**液体**です。間違わないように！

【1】次のうち，消防法別表第1に危険物の品名として掲げられていないものはどれか。

(1) アルコール類　　　(2) 硫黄

(3) 水素　　　　　　　(4) 過酸化水素

(5) 硝酸

【2】消防法別表第1に危険物の品名として掲げられているものは次のA〜Eのうちいくつあるか。

    A　金属粉
    B　プロパン
    C　黄りん
    D　ナトリウム
    E　酸素

(1)　1つ　　　(2)　2つ　　　(3)　3つ

(4)　4つ　　　(5)　5つ

 消防法別表第1に危険物の品名として掲げられていないもの（＝気体）をまず探してみよう。

危険物の分類

（本文→P152）

P153表2−2参照

【3】法に定める危険物の品名について，次のうち誤っているものはどれか。

(1)　ジエチルエーテル，二硫化炭素は，特殊引火物に該当する。

(2)　アセトン，ガソリンは，第1石油類に該当する。

(3)　灯油，軽油は，第2石油類に該当する。

(4)　重油は，第3石油類に該当する。

(5)　クレオソート油は，第4石油類に該当する。

【4】次のうち，法別表第1に掲げてある品名の説明として，誤っているものはどれか。

(1) 特殊引火物とは，ジエチルエーテル，二硫化炭素その他1気圧において発火点が100℃以下のもの，又は引火点が−40℃以下で沸点が40℃以下のものをいう。

(2) 第1石油類とは，アセトン，ガソリンその他1気圧において，引火点が21℃未満のものをいう。

(3) 第2石油類とは，灯油，軽油その他1気圧において引火点が21℃以上70℃未満のものをいう。

(4) 第3石油類とは，重油，クレオソート油その他1気圧において引火点が70℃以上200℃未満のものをいう。

(5) 第4石油類とは，ギヤー油，シリンダー油その他1気圧において引火点が200℃以上250℃未満のものをいう。

【5】次の文の（　）内に当てはまる語句として正しいものはどれか。

「アルコール類とは，1分子を構成する炭素の原子の数が（A）までの飽和1価アルコール（変性アルコールを含む）をいい，その含有量が（B）％未満の水溶液は除く」

	A	B
(1)	1個	40
(2)	1個から3個	60
(3)	2個	50
(4)	2個から4個	60
(5)	6個	50

指定数量

（本文→P153）

【6】品名と物品名，および指定数量の関係で，次のうち正しいものはどれか。

左欄：特に特殊引火物第1石油類，第2石油類は，単独でも出題されているので，物質名や引火点には注意が必要です。

	品名	物品名	指定数量
(1)	特殊引火物	ジエチルエーテル 二硫化炭素	100
(2)	第1石油類	ガソリン，ベンゼン	400
(3)	アルコール類	メタノール	400
(4)	第2石油類	アセトン	2000
(5)	第3石油類	ギヤー油，シリンダー油	4000

P153表2-2参照

【7】 次の危険物と指定数量の組み合わせのうち誤っているものはどれか。

(1) 第2石油類の水溶性と第3石油類の非水溶性では指定数量が同じである。

(2) アルコール類と第1石油類の水溶性では指定数量が同じである。

(3) 第1石油類と第2石油類および第3石油類に属する物品においては，品名が同じであっても水溶性液体と非水溶性液体とではその指定数量が異なる。

(4) 第3石油類の水溶性と第4石油類は指定数量が同じである。

(5) 第4類危険物において，特殊引火物と指定数量が同じものはない。

水溶性は非水溶性の2倍です（第1～第3石油類のみ）。

【8】 次の危険物を同一貯蔵所において貯蔵した場合，その貯蔵量は指定数量の何倍か。

ガソリン・・・・・・・・・・・・・・・・・・1000ℓ

アセトン・・・・・・・・・・・・・・・・・・1200ℓ

エタノール ・・・・・・・・・・・・・800ℓ

灯油・・・・・・・・・・・・・・・・・・・・・3000ℓ

重油 ・・・・・・・・・・・・・・・・・・10000ℓ

(1) 8倍　　(2) 10倍　　(3) 12倍

(4) 15倍　　(5) 18倍

指定数量が苦手な人は**ガソリン**，**灯油（＝軽油）**，**重油**だけでも覚えておこう。
↓

ガン	**と**	**銃**
ガソリン	灯油	重油
↓	↓	↓
二	**セは**	**二セ**
200ℓ	1000ℓ	2000ℓ

【9】 ある製造所において，水溶性の第1石油類を1200ℓ，非水溶性の第2石油類を3000ℓ，水溶性の第3石油類を10000ℓ製造した。その総量は指定数量の何倍になるか。

(1) 7.0倍　　(2) 7.5倍　　(3) 8.0倍
(4) 8.5倍　　(5) 9.0倍

指定数量以上というのは指定数量の倍数が1.0倍以上という意味です。
(1)⇒第4石油類
(2)⇒特殊引火物
(3)⇒第2石油類
(4)⇒第1石油類

【10】 重油200ℓ入りのドラム缶5本を貯蔵している貯蔵所において，次の危険物を同時に貯蔵する場合，指定数量以上貯蔵しているとみなされるものはどれか。

(1) ギヤー油……………………3000ℓ
(2) 二硫化炭素…………………20ℓ
(3) 軽油 …………………………400ℓ
(4) ガソリン……………………80ℓ
(5) エタノール …………………160ℓ

黄りん，赤りん，鉄粉などもよく出題されていますが，計算方法は同じで，貯蔵量を（　）内の指定数量で割ればよいだけです。

【11】 法令上，同一場所で次の危険物を貯蔵する場合，貯蔵量は指定数量の何倍になるか。なお，（　）内は指定数量を示す。

・過酸化水素　（300kg）————————300kg
・過酸化ベンゾイル（10kg）————20kg
・過マンガン酸カリウム（50kg）————110kg

(1) 1.5倍
(2) 4.1倍
(3) 5.2倍
(4) 6.4倍
(5) 7.5倍

製造所等の区分
(本文→P156〜)

【12】 次の製造所等に関する記述について，誤っているものはどれか。

(1) 屋内タンク貯蔵所
　　屋内にあるタンクにおいて危険物を貯蔵し，または取り扱う貯蔵所。

(2)　移動タンク貯蔵所

　　　車両に固定されたタンクにおいて危険物を貯蔵し，または取り扱う貯蔵所。

(3)　給油取扱所

　　　固定した給油施設によって自動車等の燃料タンクに直接給油する為の危険物を取り扱う取扱所。

(4)　第1種販売取扱所

　　　店舗において容器入りのままで販売するため指定数量の15倍以下の危険物を取り扱う取扱所。

(5)　一般取扱所

　　　配管及びポンプ並びにこれらに付随する設備によって危険物の移送の取り扱いを行う取扱所をいう。

製造所等の各種手続

(本文→P158)

【13】製造所等を設置，または変更しようとする場合における手続きについて，次のうち誤っているものはどれか。

(1)　製造所等を設置する場合は，市町村長等の許可が必要である。

(2)　製造所等の位置や構造，及び設備を変更する場合は，市町村長等の許可が必要である。

(3)　工事完了後は市町村長等が行う完成検査を受けなければならない。

(4)　設置をする場合，消防本部及び消防署を設置している市町村の区域では当該都道府県知事の許可を受けなければならない。

(5)　地下タンクを有する給油取扱所の場合，完成検査の前に完成検査前検査を受ける必要がある。

消防本部等がある場合の申請先は市町村長ですが，ない場合は都道府県知事です。

【14】法令上，製造所等の譲渡又は引渡しを受けた場合の手続きとして，次のうち正しいものはどれか。ただし，移動タンク貯蔵所は除く。

(1)　所轄消防長又は消防署長の承認を受けなければなら

ない。

(2) 市町村長等の承認を受けなければならない。

(3) 改めて当該地区を管轄する都道府県知事の許可を受けなければならない。

(4) 当該区域を管轄する都道府県知事の承認を受けなければならない。

(5) 譲受人または引渡しを受けた者は市町村長等の許可を受けた者の地位を承継し，遅滞なく市町村長等に届け出なければならない。

 譲渡や引渡しは，直接的に危険物施設を変更したりするわけではないので，許可までは必要とはしません。

【15】 法令上，製造所等の位置，構造又は設備を変更する場合の手続きについて，次のうち正しいものはどれか。

(1) 製造所等の変更工事を行うためには，所轄消防署長の許可が必要である。

(2) 所轄消防署長の承認を受ければ，変更工事部分以外の部分を使用することができる。

(3) 変更許可を受けなければ，変更工事に着手してはならない。

(4) すべての製造所等は，完成検査を受ける前に完成検査前検査を受けなければならない

(5) 変更工事が完了し，変更工事部分の使用を開始した場合は，所轄消防署長の検査を受けなければならない。

 各種手続きでは，申請先は基本的に**市町村長等**ですが，仮貯蔵，取扱いは消防長又は消防署長になります。

【16】 法令上，次の文の（　）内のA〜Cに当てはまる語句の組合わせとして，正しいものはどれか。

「製造所等（移送取扱所を除く。）を設置するためには，消防本部及び消防署を設置している市町村の区域では当該（A），その他の区域では当該区域を管轄する（B）の許可を受けなければならない。

　また，工事完了後には許可どおり設置されているかどうかの（C）を受けなければならない。」

	A	B	C
(1)	消防長又は消防署長	市町村長	機能検査
(2)	市町村長	都道府県知事	完成検査
(3)	市町村長	都道府県知事	機能検査
(4)	消防長	市町村長	完成検査
(5)	消防署長	都道府県知事	機能検査

P 159 の表
3－1 は重
要です！

【17】法令上，市町村長等に対する届出を必要とするもの
は，次の A～E のうちいくつあるか。

　　A　製造所等の従業員の人事異動をしたとき。
　　B　危険物保安監督者を定めたとき。
　　C　製造所等の定期点検を実施したとき。
　　D　予防規程の内容を変更するとき。
　　E　危険物保安統括管理者を解任したとき。

(1)　1つ　　　(2)　2つ　　　(3)　3つ

(4)　4つ　　　(5)　5つ

P159表3－1参照

届出の期限
①原則
⇒遅滞なく。
②品名，数量等の
　変更
⇒変更しようとす
　る日の10日前ま
　で。

【18】製造所等における**各種手続き**について，次のうち誤
っているものはいくつあるか。

　　A　危険物の指定数量の倍数を変更した場合
　　　⇒　変更しようとする日の10日前までに届け出る。
　　B　危険物保安監督者を解任した場合
　　　⇒　遅滞なく届け出る。
　　C　移動タンク貯蔵所の常置場所を，隣の都道府県に移
　　　転する場合
　　　⇒　移転しようとする日の14日前までに届け出る。
　　D　製造所等を廃止する場合
　　　⇒　遅滞なく届け出る。
　　E　危険物施設保安員を選任した場合
　　　⇒　遅滞なく届け出る。

(1)　1つ　　　(2)　2つ　　　(3)　3つ

(4)　4つ　　　(5)　なし

【19】製造所等の位置，構造または設備を変更しないで取扱う危険物の品名，数量または指定数量の倍数を変更する場合の手続きとして，次のうち正しいものはどれか。

P159，表3−1を思い出そう。

(1) 市町村長等に遅滞なく届け出る。

(2) 変更についての承認を消防長から受けたあと都道府県知事に届け出る。

(3) 変更しようとする日の10日前までに，市町村長等に届け出る。

(4) 品名，数量の変更は市町村長等に，指定数量の倍数の変更は都道府県知事に届け出る。

(5) 変更した日から10日以内に，市町村長等に届け出る。

【20】消防法に定める各種手続きにおいて，次のうち誤っているものはどれか。

第3編

法令の問題

(1) 製造所等の譲渡または引き渡しの届出は，許可を受けた者の地位を承継した者が遅滞なく届け出る。

(2) 屋内貯蔵所において，貯蔵している軽油をガソリンに変更する場合，市町村長等に遅滞なく届け出る。

(3) 危険物施設を廃止した場合，遅滞なく届け出る必要があり，これを怠った場合は罰則が適用される。

(4) 屋内タンク貯蔵所において，貯蔵している重油1500ℓを2500ℓに変更する場合，変更する日の10日前までに，市町村長等に届け出る。

(5) 危険物保安統括管理者を選任した場合は，市町村長等に遅滞なく届け出る。

【21】10日以内，または10日前まで，という期限が定められているのもは，次のうちどれか。

A 危険物施設保安員を選任または解任してから実際に届け出るまでの期間。

B 危険物の品名，数量または指定数量の倍数を変更する場合。

C　製造所等を廃止してから消防長に届け出るまでの期間。

D　免状の再交付を受けた者が忘失した免状を発見した場合，都道府県知事にその免状を提出するまでの期間。

E　消防長または消防署長の承認を受け，指定数量以上の危険物を製造所等以外の場所で仮に貯蔵および取り扱う場合。

(1)　AとC　　　(2)　AとCとE

(3)　BとD　　　(4)　BとDとE

(5)　CとD

仮使用

(本文→P159)

仮使用は工事以外の部分を仮に使用する際の手続きです（工事の部分だと工事に差しつかえるため）

【22】次の文の下線（A）〜（D）のうち，誤っているものはどれか。

「仮使用とは，（A）製造所等を変更する場合に，（B）変更工事に係る部分の全部または一部を市町村長等の　（C）許可を得て　（D）完成検査前に仮に使用することをいう。」

(1)　A　　　(2)　B

(3)　BとC　　　(4)　C

(5)　CとD

【23】仮使用についての説明として，次のうち正しいものはどれか。

(1)　地下タンク貯蔵所の全面的な変更許可を受けたが，工事中も営業を休むことができないので，変更部分について仮使用の申請をした。

(2)　屋内タンク貯蔵所を変更する場合において，変更工事の開始前に仮に使用するため承認申請をした。

(3)　屋外タンク貯蔵所の設置許可を受けたが，完成検査前に一部使用するため，仮使用の許可申請をした。

(4)　第1種販売取扱所の事務所を全面改装するための変更許可を受けたが，事務所の一部を使用したいので仮

使用の承認申請をした。

(5)　給油取扱所の事務所を改装するため変更許可を受けたが、その工事中に変更部分以外の部分の一部を使用するために、仮使用の申請をした。

義務違反に対する措置

（本文→P160〜）

色々と迷わすような文が次から次へと出てきますが、ここは落ち着いて P160の【1】と【2】を冷静に思い出そう。

【24】法令上、市町村長等から製造所等に対し、製造所等の設置許可を取り消される事由として、次のうち誤っているものはどれか。

(1)　完成検査を受けないで、製造所等を使用したとき。

(2)　製造所等の構造の不備について、市町村長等から技術上の基準に適合するよう命令を受けたが、そのまま使用を継続したとき。

(3)　予防規程を定めなければならない製造所等において、予防規程を定めなかったとき。

(4)　定期点検を実施しなければならない製造所等において、定期点検を実施していないとき。

(5)　製造所等の位置、構造又は設備を、許可を受けないで変更したとき。

【25】次のうち、市町村長等が許可の取り消しまたは使用停止命令を発令する事由に該当するものはどれか。

(1)　危険物の貯蔵、取扱基準の遵守命令に違反したとき。

(2)　危険物取扱者が危険物保安講習を受講していないとき。

(3)　危険物の品名、数量を変更したが、それを届け出なかったとき。

(4)　危険物保安監督者が解任命令を受けたとき。

(5)　危険物保安統括管理者を選任（または解任）したが、それを市町村長等に届け出なかったとき。

危険物保安講習の受講義務に違反した場合は、免状の返納命令の対象になります。

第3編

法令の問題

【26】次のうち, 消防法第12条の2第1項または第2項の使用停止命令の対象となる事由に該当しないものはどれか。

(1) 製造所において, 危険物保安監督者に危険物の取扱作業に関して保安の監督をさせていないとき。

(2) 屋外タンク貯蔵所において, 危険物保安監督者を定めていないとき。

(3) 給油取扱所において, 所有者等に対する危険物保安監督者の市町村長等の解任命令に違反したとき。

(4) 移送取扱所において, 危険物保安監督者が免状の返納命令を受けたとき。

(5) 屋内貯蔵所において, 危険物の貯蔵及び取扱い基準にかかわる市町村長等の遵守命令に違反したとき。

【27】法令上, 市町村長等から製造所等の使用停止命令の対象となる事由に該当するものは, 次のうちどれか。

A 市町村長等の認可を受けずに予防規程を変更したとき。

B 危険物施設保安員を定めたが, 市町村長等への届出を怠った。

C 仮使用の承認又は完成検査を受けないで, 製造所等を使用した。

D 製造所等の位置, 構造及び設備の変更を要しない範囲で危険物の品名及び数量を変更したが, 届出を行わなかった。

E 危険物保安統括管理者を選任していないとき。

(1) A, B 　(2) B, E 　(3) C, D 　(4) C, E

届出を怠ったからといって**命令**が発令される, ということはありません（一部に罰則規定はあります）。

【28】市町村長等が使用停止命令を発令する事由として, 次のうち誤っているものはどれか。

(1) 危険物保安統括管理者を定めたが, その者に統括管理の業務をさせていないとき。

(2) 定期点検を実施したが, その結果を市町村長等に報告しなかったとき。

(3) 設置又は変更に係る完成検査を受けないで, 製造所等を全面的に使用した場合

使用停止命令の場合, P160の【1】の①～⑤と【2】の①～④の合わせて9項目を思い出す必要があります。

(4) 保安検査を要する製造所等で保安検査を受けないとき。

(5) 製造所に対する改修命令に従わなかったとき。

【29】製造所等における法令違反と，それに対して市町村長等から受ける命令等の組合わせとして，次のうち誤っているものはどれか。

(1) 製造所等の位置，構造，及び設備が技術上の基準に適合していないとき

　　　…………………製造所等の修理，改造又は移転命令

(2) 製造所等における危険物の貯蔵又は取り扱いが技術上の基準に違反しているとき

　　　…………………危険物の貯蔵，取扱基準遵守命令

(3) 許可を受けないで，製造所の位置，構造又は設備を変更したとき

　　　…………………使用停止命令又は許可の取り消し

(4) 公共の安全の維持又は災害発生の防止のため，緊急の必要があるとき

　　　…………………製造所等の一時使用停止命令又は使用制限

(5) 危険物保安監督者が，その責務を怠っているとき

　　　…………………危険物の取扱作業の保安に関する講習の受講命令

(3)の命令を「仮使用承認申請の提出を命ぜられる。」という出題例がありますが，当然，×です。

市町村長等は必要に応じて予防規程の変更を命じることができます。

【30】措置命令と，その命令を出す者との組み合わせで，次のうち誤っているものはどれか。

(1) 危険物保安監督者の解任命令

　　　………………………市町村長等

(2) 仮使用の承認を受けないで製造所等を使用したときの許可取り消し命令

　　　………………………市町村長等

(3) 走行中の移動タンク貯蔵所に対する停止命令

　　　………………………消防吏員，警察官

(4) 危険物取扱者に対する免状返納命令

　　　………………………都道府県知事

(5)　危険物保安監督者の解任命令に違反したときの使用
停止命令

………………………消防長または消防署長

【31】 **法令上，次の下線部分（A）～（D）のうち，誤っている箇所はどれか。**

「製造所等の（A）所有者等は，製造所等の位置，構造及び設備が技術上の危険物の順位に適合するように維持しなければならない。（B）市町村長等は，製造所等の位置，構造及び設備が技術上の基準に適合していないと認めるときは，製造所等の（C）危険物取扱者免状を有する者に対し，技術上の基準に適合するように，これらを（D）修理し，改造し，又は移転すべきことを命ずることができる。」

(1)　（A）

(2)　（B）

(3)　（C）

(4)　（A）と（B）

(5)　（B）と（D）

定期点検，予防規程

（本文→P162～）

【32】 **法令上，製造所等の定期点検について，次のうち誤っているものはどれか。**

(1)　定期点検は，製造所等の位置，構造及び設備が技術上の基準に適合しているかどうかについて行う。

(2)　地下貯蔵タンク，地下埋設配管及び移動貯蔵タンクの漏れの点検は，危険物取扱者の立会いを受ければ，誰でも行うことができる。

(3)　危険物取扱者が点検に立ち会った場合は，点検記録にその氏名を記載しなければならない。

(4)　定期点検を行った場合は，点検記録を作成し，3年間，保存しなければならない。

（5） 定期点検は，1年に1回以上行わなければならない。

【33】法令上，製造所等の定期点検について，次のうち正しいものはどれか。ただし，規則で定める漏れの点検及び固定式の泡消火設備に関する点検を除く。

（1） 危険物取扱者が立ち会った場合であっても，危険物取扱者以外の者は定期点検を行うことはできない。

（2） 定期点検は，製造所等における危険物の貯蔵及び取扱いが技術上の基準に適合しているかどうかについて行う。

（3） 危険物施設保安員が立ち会えば，危険物取扱者以外の者でも定期点検を行うことができる。

（4） 定期点検を行わなければならない製造所等の所有者等は，製造所等について定期に点検し，その点検記録を作成し，これを保存しなければならない。

（5） 危険物施設保安員が定められている製造所等は，定期点検を免除している。

【34】法令上，定期点検が義務づけられている製造所等は次のうちどれか。

（1） 屋内貯蔵所

（2） 地下タンクを有する製造所

（3） 屋外貯蔵所

（4） 第一種販売取扱所

（5） 屋外タンク貯蔵所

【35】法令上，定期点検を義務づけられている製造所等は次のうちいくつあるか。

　　A　地下タンクを有する　般取扱所

　　B　移動タンク貯蔵所

危険物施設保安員は定期点検を行うことができますが，立会い権限はないので注意しよう。

定期点検を必ず実施する施設を思い出そう（P162）
⇒・地下タンクを有する施設
・移動タンク貯蔵所

製造所，給油取扱所，一般取扱所の場合，「地下タンクを有する」という条件が必要です。

第3編

法令の問題

C　すべての屋内タンク貯蔵所

D　指定数量の倍数が10以上の製造所

E　簡易タンクのみを有する給油取扱所

(1)　1つ　(2)　2つ　(3)　3つ　(4)　4つ　(5)　5つ

予防規程
・危険物の保安に関して定めた規程
・市町村長等が認可
・給油取扱所と移送取扱所では必ず定める

【36】法令上，予防規程について，次のうち正しいものはどれか。

(1)　予防規程は危険物取扱者が定めなければならない。

(2)　予防規程を定めたとき，または変更するときは，市町村長等に届け出なければならない。

(3)　すべての製造所等の所有者等は，予防規程を定めておかなければならない。

(4)　自衛消防組織を置く事業所における予防規程は，当該組織の設置によってこれに代わるものとすることができる。

(5)　所有者及び事業者は，予防規程を守らなければならない。

その他，「危険物の在庫管理と発注に関すること」も定める事項ではありません。

【37】予防規程に定める必要のない事項は，次のうちどれか。

(1)　危険物保安監督者が旅行，疾病その他の事故によって，その職務を行うことができない場合にその職務を代行する者に関すること。

(2)　危険物施設において，火災及び危険物の漏えい等の災害が発生した場合，その損害の調査に関すること。

(3)　危険物の保安のための巡視，点検及び検査に関すること。

(4)　地震発生時における施設及び設備に対する点検，応急措置等に関すること。

(5)　顧客に自ら給油等をさせる給油取扱所にあっては，顧客に対する監視その他保安のための措置に関すること。

危険物取扱者

（本文→P165〜）

【38】危険物取扱者について，次のうち誤っているものは
いくつあるか。

A　危険物取扱者でなければ，危険物保安統括管理者に
　　なることはできない。

B　危険物取扱者でなくても，危険物施設保安員になる
　　ことができる。

C　危険物取扱者が立ち会えば，危険物取扱者以外の者
　　は危険物の取扱作業が行える。

D　移動タンク貯蔵所で危険物を移送する場合，移送者
　　として危険物取扱者が乗車していれば，運転する者は
　　危険物取扱者でなくてもよい。

E　甲種危険物取扱者は，すべての危険物を取り扱うこ
　　とができる。

(1)　1つ　(2)　2つ　(3)　3つ　(4)　4つ　(5)　5つ

「給油取扱
所で乙種が
急用のため
不在なので業務内
容に詳しい丙種が
立会い，免状を有
していない従業員
に給油を行わせ
た。」のような込
み入った出題もあ
るので，注意して
ください（答⇒C
の解説より×）。

【39】法令上，危険物取扱者について，次のうち正しいも
のはどれか。

(1)　免状の交付を受けていても，製造所等の所有者等か
　　ら選任されなければ，危険物取扱者ではない。

(2)　甲種危険物取扱者だけが，危険物保安監督者になる
　　ことができる。

(3)　乙種第4類の免状を有する危険物取扱者は，特殊引
　　火物を取り扱うことができない。

(4)　丙種危険物取扱者はガソリン，灯油，軽油及び，第
　　4石油類，動植物油類を取り扱うことができるが，立
　　会いをすることができない。

(5)　危険物施設保安員を置いている製造所等には，危険
　　物取扱者は置かなくてもよい。

丙種と資格
の無い危険
物施設保安
員には，立会い権
限がないので，注
意しよう。

第3編

法令の問題

【40】 法令上，免状について，次のうち誤っているものは
どれか。

免状は全国で有効です。たとえば東京で免状を取得した人が大阪で危険物を取扱うことも可能です。

(1) 免状は，それを取得した都道府県の範囲内だけでなく，全国で有効である。

(2) 免状の交付を受けている者が免状を亡失又は破損した場合は，免状の交付又は書替えをした都道府県知事に，その再交付を申請することができる。

(3) 免状の返納を命じられた者は，その日から起算して6か月を経過しないと，新たに試験に合格しても免状の交付を受けられない。

免状を無くしたり汚したりした場合は再交付を申請できます。試験を受け直す必要はありません。

(4) 免状の交付を受けている者は，既得免状と同一の種類の免状の交付を重複して受けることはできない。

(5) 免状を亡失してその再交付を受けた者が，亡失した免状を発見したときは，これを10日以内に免状の再交付を受けた都道府県知事に提出しなければならない。

【41】 法令上，免状について，次のうち正しいものはどれか。

(1) 免状を亡失したときは再交付申請を，また，汚損したときは書替え申請をしなければならない。

(2) 免状を亡失した者は，亡失した日から1年以内に再交付申請をしなければ，その資格は自動的に取り消される。

免状の**書替え**と**再交付**の申請先は混同しやすいので，P167の表などで確認しておこう。

(3) 免状の書替え申請は，居住地又は勤務地を管轄する市町村長等に申請しなければならない。

(4) 免状の再交付申請は，当該免状を交付した都道府県知事に対して行わなければならない。

(5) 免状は，危険物取扱者試験に合格した者に対し都道府県知事が交付する。

【42】 免状の書換えを申請しなければならない組み合わせ

は，次のうちどれか。

A　現住所が変わった時

B　免状の写真が10年経過した時

C　氏名が変わった時

D　勤務先の住所が変わった時

E　本籍地が変わった時

(1)　A，C　　　　　(2)　A，C，D

(3)　B，C，E　　　(4)　B，D，E

(5)　C，E

書換えのゴロ合わせを思い出そう。
⇩
書換えよう，<u>シャ</u><u>ン</u>とした<u>本</u>　名に

【43】 法令上，免状の交付，書換え又は再交付の手続きについて，次のうち正しいものはどれか。

A　危険物取扱者試験に合格したので，試験を行った都道府県知事に免状の交付を申請した。

B　危険物取扱者は，移動タンク貯蔵所に乗車して危険物を移送している場合を除き，危険物取扱作業に従事しているときは免状を携帯していなければならない。

C　免状を取得した都道府県以外で危険物を取扱う場合は，その都道府県で新たに試験を受ける必要がある。

D　本籍地は変わらないが居住地が変わったので新たに居住地を管轄する都道府県知事に免状の書換えを申請した。

E　氏名が変更した場合は，勤務地を管轄する都道府県知事に免状の書換えを申請しなければならない。

(1)　A，C　　(2)　A，E　　(3)　B，D　　(4)　C，E

免状の書換えについては，P 166の**【5】**を参照

第3編

法令の問題

保安講習

（本文→P168〜）

【44】 危険物保安講習について，次のうち誤っているものはどれか。

(1)　製造所等において危険物の取扱作業に従事している危険物取扱者は，受講義務がある。

(2)　講習は免状を交付，または再交付を受けた都道府県で受講しなければならない。

この保安講習と免状は「地域限定」ではありません。全国どこでも受講でき，また有効です。

(3)　危険物の取扱い作業に従事していても危険物取扱者の免状を交付されていない者は受講義務がない。

(4)　製造所等において，危険物の取扱い作業に新たに従事することになった日から原則として1年以内に講習を受けなければならない。

(5)　危険物取扱者の免状の交付を受けていても，現に危険物の取扱い作業に従事していなければ受講しなくてよい。

【45】危険物保安講習について，次のうち正しいものはどれか。

(1)　消防法令に違反した者が受ける講習である。

(2)　製造所等において，危険物の取扱い作業に従事している者はすべて受講しなければならない。

(3)　危険物取扱者免状のある危険物取扱者のうち，甲種及び乙種危険物取扱者は3年に1回，丙種危険物取扱者は5年に1回，それぞれ受講しなければならない。

(4)　継続して危険物の取扱い作業に従事している危険物取扱者は，前回講習を受けた日以後における最初の4月1日から3年以内に講習を受けなければならない。

(5)　危険物施設保安員であれば，すべて受講しなければならない。

受講義務が生じるのは免状取得者が取扱い作業に従事する場合です。（丙種も受講義務有り！）

【46】次のうち，危険物の保安講習を受けなければならない者はどれか。

(1)　前回講習を受けたあと，危険物の取扱い作業に従事しなくなった者。

(2)　すべての危険物保安統括管理者。

(3)　製造所等で危険物保安監督者に選任されている者。

(4)　製造所等で危険物の取扱い作業に従事している者。

(5)　危険物取扱者の免状の交付を受けてから1年以内の者。

受講時期の問題は少しややこしいですが，次の公式を頭にきちんとしまっておけば大丈夫です。
⇓
〈原則〉
従事開始から1年以内，その後は受講日以後における最初の4月1日から3年以内
〈例外〉
過去**2年**以内に**交付**か**講習**を受けた場合
⇒その日以後における最初の4月1日から3年以内

【47】 法令上，危険物の取扱作業の保安に関する講習を受けなければならない期限が過ぎている危険物取扱者は，次のうちどれか。

(1) 5年前から製造所等において危険物の取扱作業に従事しているが，2年前に免状の交付を受けた者。

(2) 1年6か月前に免状の交付を受け，1年前から製造所等において危険物の取扱作業に従事している者。

(3) 4年前に甲種危険物取扱者の免状の交付を受け，その直後から1年間，軽油の取扱作業に従事し，そのあとは3年間，硫黄の取扱作業に従事している者。

(4) 5年前に免状の交付を受けたが，製造所等において危険物の取扱作業に従事していない者。

(5) 1年6か月前に講習を受け，1年前から製造所等において危険物の取扱作業に従事している者。

【48】 危険物の保安講習，およびその受講時期について，次のうち誤っているものはどれか。

(1) 新たに危険物取扱者の免状の交付を受けた者は，その日から1年以内に受講しなければならない。

(2) 製造所等において，危険物の取扱い作業に従事し始めても，危険物取扱者でなければ1年以内に受講する義務はない。

(3) 受講義務のある危険物取扱者が受講しなかった場合は，免状の返納命令を受けることがある。

(4) 製造所等において危険物の取扱作業に従事することとなった日前2年以内に免状の交付を受けている場合は，免状の交付を受けた日以後における最初の4月1日から3年以内に講習を受けなければならない。

(5) 講習は，どこの都道府県で受けても有効である。

(4)は，重要ポイントです！

第3編

法令の問題

危険物保安監督者

（本文→P170〜）

保安監督者
のゴロ合わ
せを思いだ
そう（P171）。
⇒監督は外のタン
クに…

【49】法令上，危険物の品名，指定数量の倍数にかかわり
　　なく危険物保安監督者を定めなければならない製造所等
　　として，次のうち誤っているものはどれか。

(1)　製造所

(2)　屋外タンク貯蔵所

(3)　ガソリンを貯蔵する屋内タンク貯蔵所

(4)　移動タンク貯蔵所

(5)　給油取扱所

【50】法令上，危険物保安監督者について，次のうち誤っ
　　ているものはどれか。

(1)　乙種危険物取扱者は免状に指定された類のみの保安
　　監督者にしかなれない。

(2)　危険物保安監督者を選任し，又は解任した場合は，
　　その旨を市町村長等に届け出なければならない。

危険物保安
監督者にな
れるのは，
甲種か乙種で実務
経験が6ヶ月以上
ある人です。丙種
はなれません。

(3)　危険物施設保安員を置く必要がない製造所等にあっ
　　ては，規則で定める危険物施設保安員の業務を行わな
　　ければならない。

(4)　危険物保安監督者は，甲種又は乙種危険物取扱者で
　　製造所等において危険物取扱いの実務経験が6ヶ月以
　　上ある者の中から選任する。

(5)　特定の危険物であれば，それを取り扱う製造所等に
　　おいて，丙種危険物取扱者を危険物保安監督者として
　　選任することができる。

【51】次のうち，危険物保安監督者の業務として定められ
　　ていないものはどれか。

「法に定める諸手続に関する業務」は危険物保安監督者の業務ではないので注意しよう！

(1) 危険物の取扱い作業が技術上の基準や予防規程に定める保安基準に適合するように，作業者に対して必要な指示を与える。

(2) 危険物の保安に関する業務を統括して管理し安全を確保する。

(3) 火災等の災害が発生した場合は，作業者を指揮して応急の措置を講じるとともに直ちに消防機関等に連絡する。

(4) 危険物施設保安員に対して必要な指示を与える。

(5) 火災等の災害を防止するため，隣接する製造所等や関連する施設の関係者との間に連絡を保つ。

【52】次の説明文のうち，正しいものはいくつあるか。

①危険物施設保安員
②危険物保安統括管理者
両者とも資格は不要ですが，選任，解任時の届け出は②のみ必要です。

A 危険物保安統括管理者，及び危険物施設保安員は危険物取扱者の資格を持つ者の中から選任する。

B 危険物保安監督者を定めるのは製造所等の所有者等（所有者，管理者，または占有者）である。

C 製造所等において，危険物取扱者以外の者は，危険物保安監督者が立ち会わなければ危険物を取り扱うことはできない。

D 危険物施設保安員は，危険物保安監督者のもとで製造所等の構造及び設備に係る保安のための業務を行うが，選任及び解任した時の届け出は不要である。

E 製造所または屋外タンク貯蔵所には，貯蔵し，または取り扱う危険物の類及び引火点，または指定数量の倍数などに関係なく，危険物保安監督者を定めなければならない。

(1) なし

(2) 1つ

(3) 2つ

(4) 3つ

(5) 4つ

第3編

法令の問題

保安距離，保有空地

（本文→174〜）

【53】の問題文は「製造所等の外壁又は工作物の外側から，学校，病院等の建築物等までの間に，それぞれ定められた距離（保安距離）を保たなければならない製造所等はどれか」として出題される場合があります（答は同じ⇒出題例あり）。

【53】次のうち，保安距離が必要な製造所等はどれか。

(1)　給油取扱所

(2)　移動タンク貯蔵所

(3)　屋外タンク貯蔵所

(4)　第2種販売取扱所

(5)　屋内タンク貯蔵所

【54】次のうち，保安距離が必要でない製造所等はどれか。

(1)　製造所

(2)　一般取扱所

(3)　屋内貯蔵所

(4)　屋外貯蔵所

(5)　地下タンク貯蔵所

「学校」や「病院」などという具体名に惑わされないようにしよう。

【55】法令上，製造所等の外壁又はこれに相当する工作物の外側から，学校，病院等の建築物等までの間に，それぞれ定められた距離（保安距離）を保たなければならない製造所等は次のうちいくつあるか。

「一般取扱所，屋外タンク貯蔵所，屋外貯蔵所，製造所，屋内貯蔵所」

(1)　1つ　(2)　2つ　(3)　3つ　(4)　4つ　(5)　5つ

保安距離のゴロ合わせを思い出そう（P175）

【56】製造所等の中には，特定の建築物との間に保安距離を確保する必要があるものがあるが，次のうち，その建築物と保安距離の組み合わせとして正しいものはどれか。

(1)　敷地外の一般住宅　……………………30m 以上

(2) 学校(幼稚園, 小学校, 中学校, 高等学校等)…20m 以上

(3) 高圧ガス施設　…………………………………50m 以上

(4) 病院　………………………………………………30m 以上

(5) 重要文化財　……………………………………40m 以上

【57】次のうち，危険物施設から一定の距離（保安距離）を保たなければならない旨の規定が設けられていない建築物の組み合わせで，正しいものはどれか。

A　大学，短期大学

B　劇場や公会堂など，多数の人を収容する施設

C　液化石油ガスの施設

D　使用電圧が6600Ｖの高圧架空電線

E　製造所等の敷地内にある住宅

(1)　A，B　　　　(2)　A，D，E

(3)　B，C　　　　(4)　B，D，E

(5)　D，E

「保安距離を保つ必要がある建築物」と「保安距離が必要な製造所等（危険物施設）」は何かとまぎらわしいので注意しよう (P174)

【58】保安距離と保有空地を共に確保する必要がある危険物施設として，次のうち誤っているものはどれか。

(1)　屋外タンク貯蔵所　　(2)　簡易タンク貯蔵所

(3)　屋外貯蔵所　　　　　(4)　一般取扱所

(5)　製造所

【類題…Ａ，Ｂの数値を答える】製造所の保有空地は，指定数量の倍数が10以下は（Ａ）m 以上，10を超える場合は（Ｂ）m 以上が必要。

(答)Ａ：3，Ｂ：5

【59】法令上，危険物を貯蔵し，又は取り扱う建築物その他の工作物の周囲に，一定の幅の空地を保有しなければならない旨の規定が設けられている製造所等の組合わせは，次のうちどれか。

(1)　製造所　　　　　　　屋外タンク貯蔵所

(2)　屋内貯蔵所　　　　　第1種販売取扱所

(3)　屋外貯蔵所　　　　　第2種販売取扱所

(4)　一般取扱所　　　　　屋内タンク貯蔵所

(5)　給油取扱所　　　　　屋外に設置する簡易タンク貯蔵所

第3編

法令の問題

各施設に共通の基準

（製造所等の位置・構造
・設備等の基準）
（本文→P176〜）

覚え方とし
ては**製造所
の基準が各
施設に共通の基準**
だ，と覚えておこ
う。
この基準は，この
後に出てくる各施
設の基準を問う問
題にも所々に出て
くるので，よく把
握しておく必要が
あります。

【60】 製造所の基準について，次のうち誤っているものは
どれか。

(1) 建築物の床は，危険物が浸透しない構造とするとと
もに，適当な傾斜を付け，かつ，貯留設備を設けなけ
ればならない。

(2) 可燃性蒸気が滞留するおそれのある建築物には，そ
の蒸気を屋外の低所に排出する設備を設けなければな
らない。

(3) 建築物には採光，照明，換気の設備を設けること。

(4) 静電気が発生する恐れのある設備では，接地など静
電気を有効に除去する装置を設けること。

(5) 屋根は不燃材料で造り，金属板などの軽量な不燃材
料でふくこと。

(2)の「天井
を設けては
ならない」
施設は，P188を
参照。

【61】 製造所等の位置・構造・設備等の基準について，次
のうち正しいものはどれか。

(1) 危険物を取り扱う建築物の窓や出入口にガラスを用
いる場合は，網入りガラスとしなくてもよい。

(2) 危険物を取り扱う建築物は，屋根を不燃材料で造る
とともに，金属板その他軽量な不燃材料でふき，天井
を設けてはならない。

(3) 電動機及び危険物を取り扱う設備のポンプ，弁，接
手等は，火災の予防上，支障のない位置に取り付けな
ければならない。

(4) 危険物を取り扱う建築物は，地階を有することがで
きる。

(5) 危険物の指定数量の倍数が100以上の製造所等には
避雷設備を設けること。

【62】法令上，危険物を取り扱う配管の位置，構造及び設備の技術上の基準について，次のうち正しいものはどれか。

(1) 配管は，鋼鉄製又は鋳鉄製のものでなければならない。

(2) 配管を地下に設置する場合には，その上部の地盤面を車両等が通行しない位置としなければならない。

(3) 配管を屋外の地上に設置する場合には，当該配管を直射日光から保護するための設備を設けなければならない。

(4) 配管に加熱又は保温のための設備を設ける場合には，火災予防上，安全な構造としなければならない。

(5) 配管は，十分な強度を有するものとし，かつ，当該配管に係る最大常用圧力の5.5倍以上の圧力で水圧試験を行ったとき，漏えいその他の異常がないものでなければならない。

屋内貯蔵所

（各危険物施設の基準）

（本文→P178）

(1)(2)(5)は構造設備に共通の基準です。

なお，(3)の「6m未満」は要注意。

【63】灯油を貯蔵する屋内貯蔵所の位置・構造・設備等の基準について次のうち誤っているものはどれか。

(1) 指定数量が10倍以上の灯油を貯蔵する倉庫には，原則として避雷設備を設けること。

(2) 窓及び出入り口には防火設備を設けること。

(3) 地盤面から軒までの高さ（軒高）は6m未満とすること。

(4) 貯蔵倉庫は平屋建てとし，天井を設けること。

(5) 貯蔵倉庫には，滞留した可燃性蒸気を屋外の高所に排出する設備を設けること。

屋外貯蔵所

（本文→P178）

【64】法令上，屋外貯蔵所で貯蔵することができない危険物は，次のうちどれか。

(1) 硫黄

(2) 特殊引火物

(3) 第1石油類（引火点が0℃以上のものに限る）

(4) 第2石油類

(5) 引火性固体（引火点が0℃以上のものに限る）

第3編

法令の問題

屋外貯蔵所
で貯蔵でき
る危険物は
次の通りです。
①第2類
　硫黄と引火性固体
②第4類
　特殊引火物以外
（引火性固体と第
1石油類は引火点
が0℃以上のもの
に限る）

【65】屋外貯蔵所において貯蔵できる危険物の組み合わせ
で，次のうち正しいものはどれか。

(1)　ガソリン，灯油，軽油

(2)　ギヤー油，硫黄，重油

(3)　二硫化炭素，引火性固体，メタノール

(4)　動植物油類，赤りん，マグネシウム

(5)　硝酸，アセトン，ジエチルエーテル

屋内タンク貯蔵所

（本文→P179）

【66】法令上，屋内タンク貯蔵所の位置，構造又は設備に
ついて，次のうち誤っているものはどれか。

(1)　屋内貯蔵タンクはタンク専用室に設置し，そのタン
　　ク容量は，指定数量の40倍以下とすること。

(2)　タンク専用室は，壁，柱，床及びはりを耐火構造と
　　し，屋内貯蔵タンクから漏れた危険物がタンク専用室
　　以外の部分に流出しないような構造とすること。

(3)　屋内貯蔵タンクと壁，およびタンク相互の間は，0.5
　　m以上の間隔を保つこと。

(4)　タンク専用室には，採光のため窓を設けなければな
　　らない。

(5)　タンク専用室の換気及び排出の設備には，防火上有
　　効にダンパー等を設けること。

屋外タンク貯蔵所

（本文→P180）

防油堤の高
さは0.5m
以上とする
必要があります。

【67】屋外タンク貯蔵所の防油堤について，次のうち誤っ
ているものはどれか。

(1)　二硫化炭素を除く液体の危険物を貯蔵するすべての
　　屋外タンク貯蔵所に設けなければならない。

(2)　防油堤内に水が溜った場合，外部に排水する為の水
　　抜き口とこれを開閉するための弁を設けること。

(3)　防油堤の容量は，タンク容量の110％以上とすること。

(4)　防油堤内にタンクが2以上ある場合は，それらを合
　　算した容量の110％以上とすること。

(5)　防油堤は鉄筋コンクリートまたは土で造ること。

タンクが2つ以上ある場合の防油堤容量
⇩
・その中で最大のタンク容量の○○%以上とすること。

この○○%の数値を思い出す。

【68】 法令上，次の4基の屋外タンク貯蔵所を同一の防油場内に設置する場合，この防油堤の必要最小限の容量として，正しいものはどれか。

1号タンク――――――ガソリン100kℓ
2号タンク――――――灯油200kℓ
3号タンク――――――軽油300kℓ
4号タンク――――――重油500kℓ

(1) 100kℓ
(2) 400kℓ
(3) 550kℓ
(4) 800kℓ
(5) 1,000kℓ

地下タンク貯蔵所

(本文→P180)

(4)はタンク施設に共通の基準です
(⇒P177)

なお，(5)は，「タンクの頂部以外の部分に取付けなければならない。」という出題例があるので，注意（当然，下線部が誤り。）

【69】 法令上，地下タンク貯蔵所の位置，構造及び設備の技術上の基準について，次のうち誤っているものはどれか。

(1) 地下タンク貯蔵所には，見やすい箇所に地下タンク貯蔵所である旨を表示した標識及び防火に関し必要な事項を掲示した掲示板を設けなければならない。
(2) 地下貯蔵タンクを2以上隣接して設置する場合は，原則として，相互に1m以上の間隔を保なければならない。
(3) 液体の危険物の地下貯蔵タンクの注入口は，建物内に設けなければならない。
(4) 地下貯蔵タンクには，規則で定めるところにより通気管又は安全装置を設けなければならない。
(5) 地下貯蔵タンクの配管は，当該タンクの頂部に取付けなければならない。

簡易タンク貯蔵所

(本文→P181)

【70】 簡易タンク貯蔵所について，次のうち誤っているものはどれか。

(1) タンクの容量は600ℓ以下とすること。
(2) 1つの簡易タンク貯蔵所には，簡易タンクを3基まで設置することができるが，同一品質の危険物は2基までしか設置することができない。

（3）の後半部分は，「タンクを屋内に設ける場合には…」と出題される場合があります（⇒当然，×）。

移動タンク貯蔵所

（本文→P181）

（参考資料）
手動閉鎖装置
漏えいなどの事故が発生した場合に直ちに底弁を閉鎖して事故の拡大を防止するための装置で，手前に引き倒すことにより手動装置を作動させることができる長さ15cm以上のレバーを設けること，となっています。

消火設備の第4種は「大型」，第5種は「小型」の消火設備です。

（3）　タンクを専用室に設ける場合はタンクと壁との間に0.5m以上，屋外に設ける場合には，周囲に1m以上の間隔を確保しなければならない。

（4）　タンクは容易に移動しないよう，地盤面や架台などに固定すること。

（5）　簡易貯蔵タンクの通気管は，危険物を入れ，又は出すとき以外であっても常に開放しておかなければならない。

【71】移動タンク貯蔵所の位置・構造・設備等の基準について，次のうち誤っているものはどれか。

（1）　移動タンク貯蔵所を常置する場所は屋外の防火上安全な場所，または壁，床，梁(はり)，屋根を耐火構造もしくは不燃材料で造った建築物の1階とすること。

（2）　移動タンク貯蔵所には自動車用消火器を2個以上設置すること。

（3）　タンクの容量は20000ℓ以下とし，内部に4000ℓ以下ごとに区切った間仕切りを設けること。

（4）　静電気による災害が発生する恐れのある液体の危険物を貯蔵するタンクには接地導線（アース）を設けること。

（5）　移動貯蔵タンクの底弁のレバー(手動閉鎖装置)は，手前に引き倒すことにより閉鎖装置を作動させるものであること。

【72】移動タンク貯蔵所に関する基準で誤っているものはどれか。

（1）　移動タンク貯蔵所に警報設備は不要である。

（2）　移動タンク貯蔵所には，保安距離，保有空地ともに設ける必要はない。

（3）　車両の前後の見やすい箇所に標識を掲げること。

（4）　手動閉鎖装置には長さ15cm以上のレバーを設ける

こと。

(5) 移動タンク貯蔵所には，その貯蔵する危険物の倍数に応じて，第4種または第5種の消火設備を設けること。

【73】 移動タンク貯蔵所における危険物の貯蔵，取扱い基準について，次のうち正しいものはどれか。

(1) 移動貯蔵タンクから引火点が40℃未満の危険物を注入する際は，注入ホースと注入口に，ある程度のすき間を確保して注入すること。

(2) 引火点が40℃以上の危険物を注入する場合は，移動タンク貯蔵所の原動機（エンジン）を停止させること。

(3) タンクの底弁は，使用時以外は常に開放しておくこと。

(4) 移動貯蔵タンクには，危険物の類，品名，最大数量を表示する設備は設ける必要がない。

(5) ガソリンを貯蔵していたタンクに灯油または軽油を注入する時は，静電気などによる災害を防止するための措置を講ずること。

移動タンク貯蔵所のエンジンを停止させる必要がある場合

・引火点が40℃未満の危険物を（他のタンクへ）注入する時

・給油取扱所で給油してもらう時

第3編

法令の問題

【74】 移動貯蔵タンクには一定の書類を備えておかなければならないが，次のうちその必要のないものはどれか。

(1) 完成検査済証

(2) 定期点検記録

(3) 譲渡，引き渡しの届出書

(4) 設置許可証

(5) 品名や数量，または指定数量の倍数変更の届出書

【75】 移動貯蔵タンクから給油取扱所の専用タンク（計量口を有するもの）に危険物を注入する場合に行う安全対策として，次のうち適切でないものはどれか。

A 移動タンク貯蔵所に設置された接地導線を給油取扱所に設置された接地端子に取り付ける。

B 消火器を，注入口の近くの風上となる場所を選んで

P103の②参照

配置する。

C　専用タンクの残油量を計量口を開けて確認し，注入が終了するまで計量口のふたは閉めないようにする。

D　注入ホースの先端部に手動開閉装置を備えた注入ノズル（一部例外有り）を用いれば，移動貯蔵タンクから液体の危険物を容器に詰め替えることができる。ただし，安全な速度で引火点が0℃以上の第4類危険物に限る。

E　給油取扱所の責任者と専用タンクに注入する危険物の品名，数量等を確認してから作業を開始する。

(1)　A，C　　(2)　B，E　　(3)　C，D　　(4)　C，E

給油取扱所

(本文→P184〜)

(2)は「給油取扱所内に設けられない施設はどれか」という単独出題もあるので，よく目を通しておいてください。

【76】給油取扱所に関する基準で，次のうち誤っているものはどれか。

(1)　自動車等を洗浄する時は引火点が40℃以下の液体洗剤を使わないこと。

(2)　給油等のために給油取扱所に出入りする者を対象にした店舗，飲食店，展示場等は設置できるが，ゲームセンター，遊技場，診療所などは立体駐車場とともに給油取扱所に設けることはできない。

(3)　給油空地とは，自動車等に直接給油し及び給油を受ける自動車が出入りするための間口10m以上，奥行6m以上の空地のことをいう。

(4)　油分離装置にたまった油は，あふれないように随時くみ上げること。

(5)　給油空地や注油空地は周囲の地盤面より高くし，その表面に適当な傾斜をつけ，アスファルト等で舗装すること。

【77】法令上，顧客に自ら自動車等に給油させる給油取扱

所の構造及び設備の技術上の基準として，次のうち正しいものはどれか。

(1) 顧客用固定給油設備以外の給油設備には，顧客が自ら用いることができる旨の表示をしなければならない。

(2) 当該給油取扱所には，「自ら給油を行うことができる旨」「自動車等の停止位置」「危険物の品目」「ホース機器等の使用方法」「自動車等の進入路」のほか「営業時間」等も表示する必要がある。

(3) 顧客用固定給油設備の給油ノズルは，自動車等の燃料タンクが満量となったときに警報を発する構造としなければならない。

(4) 当該給油取扱所へ進入する際，見やすい箇所に顧客が自ら給油等を行うことができる旨の表示をしなければならない。

(5) 当該給油取扱所は，建築物内に設置してはならない。

【78】製造所等における危険物の貯蔵，取扱いの基準で，次のうち誤っているものはどれか。

(1) 「貯留設備（「ためます」など）」や油分離装置に溜った危険物は，あふれないように随時くみ上げること。

(2) 貯蔵所に危険物以外の物品を貯蔵しないこと。

(3) 類を異にする危険物は，原則として同一の貯蔵所に貯蔵しないこと。

(4) 危険物のくず，かす等は少なくとも1週間に1回以上，危険物の性質に応じ安全な場所，及び方法で廃棄や適当な処置をすること。

(5) 第3類の危険物のうち，黄りんその他水中に貯蔵する物品と禁水性物品を同一の貯蔵所において貯蔵しないこと。

 (4)の「随時」を「1週間に1回以上」という出題は×です。また，(5)の「アスファルト等で舗装する」を「浸透性のあるもので舗装する」として出題されることがありますが，浸透させてはいけないので，×です。

貯蔵・取扱いの基準

(本文→P189)

 なお，この顧客に自ら給油等をさせる給油取扱所のみが，定めなければならない**予防規程**として「顧客に対する**監視**その他**保安のための措置**に関すること。」があるので，注意してください。

 (5)は，水中に貯蔵する黄りんと，その水と激しく反応する禁水性物品は，同一の貯蔵所に貯蔵すると，禁水性物品が水と反応する危険性があるので，同一の貯蔵所には貯蔵できません。

第3編

法令の問題

【79】 製造所等における危険物の貯蔵，取扱いの基準で，次のうち正しいものはどれか。

(1)，(2)，(5)は常識で判断しよう。

(1) 製造所等では，いかなる場合も火気を使用してはならない。

(2) 可燃性蒸気が漏れる恐れのある場所で火花を発する機械器具を使用する場合は，細心の注意を払って使用すること。

(3) 危険物を保護液中に貯蔵する場合は，危険物の一部を必ず保護液から露出させておくこと。

(4) 廃油などを廃棄する場合は，焼却以外の方法で行うこと。

(5) 危険物が残存している設備や機械器具，または容器などを修理する場合は，安全な場所で危険物を完全に除去してから行うこと。

【80】 次のA～Eのうち，製造所等における危険物の貯蔵，取扱いの基準に適合していないものの組み合わせはどれか。

A 屋内貯蔵所においては，容器に収納して貯蔵する危険物の温度が60℃を超えない措置を講ずること。

B 屋外タンク貯蔵所の周囲に防油提がある場合は，その水抜口を通常は閉鎖しておくとともに，当該防油提の内部に滞油し，又は滞水した場合は，遅滞なくこれを排出しなければならない。

C 許可や届け出の品名以外の危険物を取扱う時は，その危険物を取扱うことのできる危険物取扱者が立ち会うこと。

D 危険物は，原則として海中や水中に流出，または投下させないこと。

E 屋内貯蔵所において，同一品名の自然発火の恐れのある危険物を多量貯蔵するときは，指定数量の100倍

指定数量以上の貯蔵，取扱いは**消防法**，指定数量未満の貯蔵，取扱いは**市町村条例**の規制を受けるので，注意してください。

以下ごとに区分すること。
(1) A, B (2) A, C, E (3) C
(4) C, D (5) D

【81】危険物の貯蔵，取扱いの技術上の基準で，次のうち
正しいものはどれか。
(1) 保存している設備，機械器具又は容器等を修理する
場合は，危険物保安監督者の立会いのもとに行わなけ
ればならない。
(2) 「貯留設備」や油分離装置には，溜った危険物をく
み上げやすいように常に水を張っておくこと。
(3) 危険物を保護液中に貯蔵する場合は，危険物が保護
液から露出しないようにすること。
(4) 貯蔵タンクのある製造所等で使用する電気設備は，
すべて防爆構造であること。
(5) 類を異にする危険物は，原則として同一の貯蔵所に
貯蔵できないが，指定数量以下の少量であれば貯蔵で
きる。

タンク施設
に共通の基
準を思いだ
そう。(P177)

【82】危険物の貯蔵，取扱いの技術上の基準において，次
のうち誤っているものはどれか。
(1) 貯蔵タンクを有する製造所等（移動タンク貯蔵所を
除く）においては，タンクの計量口は計量時以外閉鎖
しておくこと。
(2) 貯蔵タンクを有する製造所等（移動タンク貯蔵所，
簡易タンク貯蔵所を除く）においては，タンクの元弁
および注入口の蓋は使用時（危険物の出し入れをする
時）以外は閉鎖しておくこと。
(3) 移動貯蔵タンクの底弁は，使用時以外は閉鎖してお
くこと。
(4) 法別表第1に掲げる類を異にする危険物は，原則と
して同一の貯蔵所に貯蔵しないこと。
(5) 可燃性の液体，可燃性の蒸気若しくは可燃性のガス
が漏れ，若しくは滞留するおそれのある場所で，火花

を発する機械器具等を使用する場合は，換気を行わな
ければならない。

【83】 次のA～Eのうち，危険物の貯蔵，取扱いの基準で
誤っているものはいくつあるか。

A　危険物を埋没して廃棄してはならない。

B　危険物を海中や水中に廃棄する際は，環境に影響を
与えないように少量ずつ行うこと。

C　屋外貯蔵タンク，地下貯蔵タンク，または屋内貯蔵
タンクの元弁は，危険物を出し入れする時以外は閉鎖
しておくこと。

D　危険物を焼却によって廃棄する場合，安全な場所で
見張人をつけ，他に危害を及ぼさない方法で行うこと。

E　製造所等では，許可された危険物と同じ類，同じ数
量であれば品名については随時変更することができ
る。

(1)　なし　　　　(2)　1つ　　　　(3)　2つ

(4)　3つ　　　　(5)　4つ

品名を変更
するには10
日前までに
届け出る必要があ
ります。
⇒P159表3－1の
　①

【84】 次のA～Eのうち，危険物の貯蔵，取扱いの基準で
正しいものはどれか。

A　屋外貯蔵所で架台を用いて容器を貯蔵する場合は6
m未満とすること。

B　危険物を焼却によって廃棄する場合，周囲に建築物
が隣接していない安全な場所で行う場合は，見張人を
つけなくてもよい。

C　屋内貯蔵タンク，屋外貯蔵タンク，地下貯蔵タンク，
または簡易貯蔵タンクに危険物を注入する際，タンク
の計量口は開放する必要がある。

C,Dはタン
ク施設に共
通の基準を
思い出そう。
(P177)

D　屋外貯蔵タンクの元弁は使用時以外閉鎖しなければ
ならないが，移動貯蔵タンクの底弁はその必要はない。

E　屋内貯蔵所では屋外貯蔵所と同じく，容器の積み重

ね高さは３ｍ以下とする必要がある。

(1)　A，C　　　(2)　A，E　　　(3)　B，C

(4)　C，D　　　(5)　C，E

運搬の基準

（本文→P192〜）

（2)は「指定数量の10分の１未満」として出題されることがありますが，答は同じです。

また，(4)ですが，危険等級Ⅱには，第２類の**赤りん，硫黄**があります。

(5)の特殊引火物は，ジエチルエーテルなど個別の品名で出題されることもあります。

【85】危険物の運搬について，次のうち誤っているものはどれか。

(1)　ジエチルエーテルは危険等級Ⅰ，ガソリン，エタノールは危険等級Ⅱ，重油は危険等級Ⅲである。

(2)　指定数量未満の少量の危険物を運搬する場合，運搬容器の技術上の基準は適用されない。

(3)　運搬容器は，収納口を上方に向けて積載すること。

(4)　第４類以外で危険等級Ⅰのものは，第３類のカリウム，ナトリウム，黄りん，第６類がある。

(5)　特殊引火物（第４類危険物）を運搬する場合は，日光の直射を避けるため遮光性の被覆で覆うこと。

指定数量以上や指定数量未満もよく出題されるので「以上」と「未満」に注意して目を通しておこう。

指定数量以上運搬するからといって

・所轄消防長等
・市町村長等
などの許可は不要です。

【86】危険物の積載，運搬の基準について，次のうち誤っているものはいくつあるか。

A　指定数量以上の危険物を車両で運搬する場合には，0.3メートル平方の地が黒色の板に白色の反射塗料で「危」と表示した標識を，車両の前後の見やすい箇所に掲げなければならない。

B　指定数量未満の危険物の運搬であっても，当該危険物に適応した消火設備を設けなければならない。

C　指定数量以上の危険物の運搬であっても所轄消防長等の許可は不要である。

D　指定数量以上の危険物を運搬する場合，危険物取扱者が同乗する必要がある。

E　指定数量の10倍以上の危険物を運搬する場合は，所轄消防長等に届け出る必要がある。

(1)　なし　　　　(2)　1つ　　　　(3)　2つ

(4)　3つ　　　　(5)　4つ

類の異なる
危険物を同
一車両で運
搬することを混載
と言います。

【87】危険物の積載，運搬の基準について，次のうち正しいものはどれか。

(1)　類の異なる危険物を同一車両で運搬することはすべて禁止されている。

(2)　容器を積み重ねる場合は，高さ6m以下としなければならない。

(3)⇒液体の収納率
は98％以下，固体
の収納率は95％以
下です。

(3)　固体の危険物は，運搬容器の内容積の98％以下の収納率で運搬容器に収納しなければならない。

(4)　危険物は高圧ガス（内容積120ℓ以上）と混載することができる。

(5)　運搬中に災害が発生する恐れがある場合は，応急措置を講ずるとともに，最寄りの消防機関に通報する必要がある。

**火気厳禁と
火気注意**及
び**禁水**は掲
示板（P 198）とほ
とんど同じです（禁
水は一部違う）。

【88】法令上，運搬容器の外部に表示する注意事項として，次のうち正しいものはどれか。

(1)　第2類の危険物のうち，引火性固体にあっては，「火気厳禁」

(2)　第3類の危険物にあっては，「可燃物接触注意」

(3)　第4類の危険物にあっては，「注水注意」

(4)　第5類の危険物にあっては，「禁水」

(5)　第6類の危険物にあっては，「衝撃注意」

P 193のゴ
ロ合わせを
思いだそ
う。
陽気な……

【89】運搬容器の外部に表示する事項として，次のうち誤っているものはどれか。

(1)　危険物の品名と化学名，及び危険等級

(2)　容器の材質

なお,「収納する危険に応じた消火方法」は表示する必要はないので,注意してください。

(3) 第4類危険物のうち,水溶性の危険物のみ「水溶性」の表示

(4) 危険物の数量

(5) 収納する危険物に応じた注意事項

ここでP194の〔こうして覚えよう〕を思い出そう

【90】類の異なる危険物を同一車両で運搬するのを混載というが,その混載できる組み合わせを並べた次のうち,誤っているものはどれか。

ただし,**各危険物は指定数量の10分の1を超える数量**とする。

(1) 第1類と第6類　　(2) 第2類と第4類

(3) 第2類と第5類　　(4) 第3類と第5類

(5) 第4類と第5類

移送

(本文→P196)

【91】移動タンク貯蔵所による危険物の移送について,次のうち誤っているものはどれか。

(1) 指定数量の100倍以上の危険物を定期的に移送をする者は,移送の経路その他必要な事項を記載した書面を関係消防機関に送付するとともに書面の写しを携帯しなければならない。

(2)移送の基準は指定数量未満であっても適用されます。また,(3)については,危険物取扱者が免状の携帯を義務づけられているのは,この移送の場合のみです。

(2) たとえ指定数量未満であっても,移送する危険物を取り扱うことができる危険物取扱者が必ず乗車しなければならない。

(3) 移送の際,乗車した危険物取扱者は免状を携帯していること。

(4) 危険物を移送中,消防吏員や警察官から停止を命じられたらこれに従わなければならない。

(5) 移動タンク貯蔵所から危険物が著しく漏れるなど災害が発生する恐れのある場合には,災害防止のための応急措置を講じるとともに,最寄りの消防機関等に通

第3編

法令の問題

報しなければならない。

【92】移動タンク貯蔵所による危険物の移送または取扱いについて，次のうち正しいものはどれか。

(1)　底弁，マンホール，注入口の蓋，及び消火器などの点検は，1月に1回以上行うこと。

(2)　移送中に休憩または故障などのため移動タンク貯蔵所を一時停止させる場合は，所轄消防長の承認を受けた場所で行うこと。

(3)　製造所等のタンクに引火点が40℃未満の危険物を注入する際は，注入ホースを注入口に緊結すること。

(4)　完成検査済証や定期点検記録などの書類は，紛失防止のため事務所に保管しておくこと。

(5)　静電気による災害の発生の恐れのある危険物を移動貯蔵タンクに注入する時は，できるだけ流速を速くすること。

移動タンク貯蔵所に常時備える必要がある書類は次のとおりです。
・完成検査済証
・定期点検記録
・譲渡，引き渡しの届出書
・（品名や数量などの）変更届出書

【93】移動タンク貯蔵所によるガソリンの移送取扱いについて，次のうち誤っているものはいくつあるか。

A　移動貯蔵タンクからガソリンを注入する際は注入ホースを注入口に緊結する必要はない。

B　丙種危険物取扱者が乗車すれば，ガソリンを移送することができる。

C　運転手は危険物取扱者ではないが，助手が乙種第4類の危険物取扱者で免状は事務所に保管してある。

D　移送中，消防吏員や警察官から免状の提示を命じられたらこれに従うこと。

E　移動貯蔵タンクから他のタンクにガソリンを注入する時は，原動機を停止させること。

(1)　なし　　　　(2)　1つ　　　　(3)　2つ

(4)　3つ　　　　(5)　4つ

【94】 移動タンク貯蔵所における危険物の移送取扱いについて，次のうち正しいものはどれか。

(1)　移送する場合，その計画を10日前までに所轄消防所長に届け出ること。

(2)　移動タンク貯蔵所には，設置許可書を備え付けておかなければならない。

(3)　甲種危険物取扱者が同乗していれば，移動タンク貯蔵所が許可を受け，または届け出た危険物がどのような類であっても移送を行うことができる。

(4)　移動タンク貯蔵所を長距離走行させる場合，危険物が貯蔵されていない状態であっても2名以上の運転要員を確保する必要がある。

(5)　丙種危険物取扱者が同乗し免状を携帯していれば，ベンゼンを移送することができる。

【95】 製造所等における危険物と掲示板の組み合わせにおいて，次のうち誤っているものはどれか。

(1)　第1類のアルカリ金属の過酸化物………禁水

(2)　第2類の危険物（引火性固体除く）……火気注意

(3)　第3類の危険物（禁水性物品除く）……火気厳禁

(4)　第4類の危険物……………………………火気注意

(5)　第5類の危険物……………………………火気厳禁

【96】 法令上，製造所等に設けなければならない消火設備は第1種から第5種までに区分されているが，第3種の消火設備に該当するものは，次のうちどれか。

(1)　屋内消火栓設備

(2)　泡消火設備

(3)　乾燥砂

本文左欄：

⑷ですが，危険物が貯蔵されていない状態…つまり，空の移動タンク貯蔵所を走行させる場合，危険物取扱者の資格は不要です。また，⑸は丙種が取扱える危険物を思い出そう。⇒塀が重いよ～。

標識・掲示板

（本文→P197～）

掲示板のゴロ合わせを思い出そう
⇓
刑事は色が無い…。

消火設備

（本文→P199～）

名称の終わり方が「仲間はずれのもの」を探してみよう。

第3編

法令の問題

消火設備の名称 または 名称の終わり方
第1種消火設備 　屋内消火栓設備 　屋外消火栓設備 第2種消火設備 　スプリンクラー設備 第3種消火設備 　…消火設備 第4種消火設備 　…大型消火器 第5種消火設備 　…小型消火器

(4)　スプリンクラー設備

(5)　泡を放射する大型の消火設備

【97】法令上，製造所等に設置する消火設備の区分として，次のうち第3種と第4種の消火設備を組み合わせたものはどれか。

A　屋内消火栓設備

B　スプリンクラー設備

C　不活性ガス消火設備

D　ハロゲン化物を放射する大型の消火設備

E　消火粉末を放射する小型の消火設備

(1)　AとB　　(2)　AとC　　(3)　BとE

(4)　CとD　　(5)　DとE

第4種は，大型の消火器です。

【98】法令上，製造所等に設置する消火設備の区分について，第4種の消火設備に該当するものは，次のうちどれか。

(1)　りん酸塩類等の消火粉末を放射する大型の消火器

(2)　ハロゲン化物消火設備

(3)　スプリンクラー設備

(4)　霧状の強化液を放射する小型の消火器

(5)　棒状の水を放射する小型の消火器

第5種は小型の消火器です。

【99】法令上，第5種の消火設備に該当しないものは，次のうちどれか。

(1)　膨張ひる石

(2)　泡を放射する大型の消火器

(3)　水槽

(4)　膨張真珠岩

(5)　消火粉末を放射する小型の消火器

【100】次の消火設備の組み合わせで，誤っているものはどれか。

(1)　屋内または屋外消火栓設備…………第1種消火設備
(2)　水噴霧消火設備…………………………第2種消火設備
(3)　不活性ガス消火設備…………………第3種消火設備
(4)　消火粉末を放射する大型消火器……第4種消火設備
(5)　二酸化炭素を放射する小型消火器…第5種消火設備

P200表2－3参照

【101】製造所等に消火設備を設置する場合，基準となる単位に所要単位があるが，次の記述のうち1所要単位を計算する方法として誤っているものはどれか。

外壁が耐火構造でない場合の面積

⇒耐火構造の場合の面積×1／2

(1)　外壁が耐火構造の製造所の場合は，延べ面積100m^{2}を1所要単位とする。
(2)　外壁が耐火構造でない製造所の場合は，延べ面積50m^{2}を1所要単位とする。
(3)　外壁が耐火構造の貯蔵所の場合は，延べ面積150m^{2}を1所要単位とする。
(4)　外壁が耐火構造でない貯蔵所の場合は，延べ面積75m^{2}を1所要単位とする。
(5)　危険物の場合は，指定数量の100倍を1所要単位とする。

【102】消火設備に関する次の記述のうち，誤っているものはどれか。

(1)　第5種消火設備は，特定の製造所等においては，防護対象物の各部分から歩行距離が20m以下となるよ

(1)，(4)，(5)⇒P200
の**2**参照

うに設ける（一部例外あり）。

(2)　地下タンク貯蔵所には第5種消火設備を2個以上設置する。

(3)　スプリンクラー設備は，第3種の消火設備である。

(4)　消火困難な製造所等には第4種と第5種の消火設備を設けなければならない。

(5)　第4種消火設備（大型消火器）は，防護対象物の各部分から歩行距離が30m以下となるように設ける（一部例外あり）。

第5種の消火設備を有効に消火できる位置に設ける製造所等は次のとおりです。
・簡易タンク貯蔵所
・移動タンク貯蔵所
・地下タンク貯蔵所
・給油取扱所
・販売取扱所

【103】 法令上，第5種の消火設備の基準について，次の文のA，Bに該当する製造所等の組み合わせで，正しいものはどれか。

「第5種の消火設備は，(A)，簡易タンク貯蔵所，(B)，給油取扱所，第1種販売取扱所又は第2種販売取扱所にあっては，有効に消火できる位置に設け，その他の製造所等にあっては防火対象物の各部分から一の消火設備に至る歩行距離が20m以下となるように設けなければならない。」

	A	B
(1)	屋内貯蔵所	一般取扱所
(2)	屋内タンク貯蔵所	移動タンク貯蔵所
(3)	屋外タンク貯蔵所	地下タンク貯蔵所
(4)	屋内タンク貯蔵所	屋外貯蔵所
(5)	地下タンク貯蔵所	移動タンク貯蔵所

警報設備

(本文→P201)

次の施設には，自動火災報知設備を必ず設置しなければなりません。
・製造所
・一般取扱所
・屋内貯蔵所

【104】 法令上，次の文のA〜Dのうち，誤っているものはどれか。

「警備設備は，指定数量の倍数が (A) 20以上の (B) 移送取扱所以外のものに設置すること。その警報設備の区分には，自動火災報知設備，拡声装置，非常ベル装置，(C) 消防機関に報知ができる電話，警鐘があり，給油取扱所のうち，上部に上階を有する屋内給油取扱所には (D) 自動火災報知設備を設けなければならない。」

・**屋外タンク貯蔵所**

・**屋内タンク貯蔵所**

・**給油取扱所**

(1)　A　　(2)　A，B　　(3)　C　　(4)　C，D　　(5)　D

法令の解答と解説

【1】 解答 (3)

解説 消防法でいう危険物に該当するのは，固体または液体のみで気体はありません（(4)の過酸化水素は第6類の酸化性液体です。なお，法令上「危険物は第1類から第6類に分類されている」ので，再確認しておこう）。

【2】 解答 (3)

解説 A，C，Dの3つです。BのプロパンとEの酸素は気体なので，消防法でいう危険物には該当しません。

【3】 解答 (5)

解説 クレオソート油は第3石油類に該当します。
第4石油類に該当するのは，ギヤー油やシリンダー油などです。

【4】 解答 (1)

解説 引火点の部分のみが誤りで，正しくは，「発火点が100℃以下のもの，又は引火点が−20℃以下で沸点が40℃以下のもの」となります。
（下線部のみを選択肢の中から求める出題があります。）

【5】 解答 (2)

解説 アルコール類の定義については，分子を構成する炭素の原子の数が1個から3個までの飽和1価アルコールで，その含有量が60％未満の水溶液を除くとあります。

【6】 解答 (3)

解説 (1) 特殊引火物の指定数量は50ℓです。
(2) ガソリンやベンゼンは第1石油類の非水溶性で，指定数量は200ℓとなっています（400は水溶性の指定数量です）。
(4) アセトンは第1石油類の水溶性です。第2石油類の指定数量は，非水溶性が1000ℓ，水溶性が2000ℓとなっています。
(5) ギヤー油，シリンダー油は第4石油類で，指定数量は6000ℓとなっています。問題文の第3石油類は非水溶性が2000ℓ，水溶性が4000ℓとなっています。

〜指定数量のみのゴロ合わせ〜

ゴ	ツイ	よ	銭湯	風	呂	満員
50	200	400	1000	2000	6000	10000
特殊	1石	アルコール	2石	3石	4石	動植物

【7】 解答 (4)

解説　第3石油類の水溶性は4000ℓ，第4石油類は6000ℓなので同じではありません。

(1)　第2石油類の水溶性と第3石油類の非水溶性は，ともに2000ℓです。

(2)　アルコール類と第1石油類の水溶性は，ともに400ℓです。

(5)　特殊引火物の指定数量は50ℓで,他に同じ指定数量のものはありません。

【8】 解答 (5)

解説　指定数量は，ガソリン（第1石油類の⚠）…………200ℓ

アセトン（第1石油類の㊄）…………400ℓ

エタノール …………………………………400ℓ

灯油（第2石油類の⚠）………………1000ℓ

重油（第3石油類の⚠）　…………2000ℓ

（㊄は水溶性を，⚠は非水溶性を表しています）

危険物が2種類以上の場合は,各危険物の倍数を求めてそれを合計するので,したがって,

$$\frac{1000ℓ}{200ℓ} + \frac{1200ℓ}{400ℓ} + \frac{800ℓ}{400ℓ} + \frac{3000ℓ}{1000ℓ} + \frac{10000ℓ}{2000ℓ}$$

$= 5 + 3 + 2 + 3 + 5 = 18$　となります。

【9】 解答 (4)

解説　指定数量は水溶性の第1石油類が400ℓ，非水溶性の第2石油類が1000ℓ，水溶性の第3石油類が4000ℓなので，各倍数の合計は

$$\frac{1200ℓ}{400ℓ} + \frac{3000ℓ}{1000ℓ} + \frac{10000ℓ}{4000ℓ} = 3 + 3 + 2.5$$

$$= 8.5　となります。$$

第3編

法令の解答と解説

【10】　解答　(1)

解説　重油の指定数量は2000ℓなので，200ℓのドラム缶5本（＝1000ℓ）は指定数量の0.5倍になります。したがって，他に指定数量の0.5倍になる危険物を貯蔵すれば指定数量以上貯蔵，ということになるので，それぞれを計算すると，(1)のギヤー油が0.5倍になるので（第4石油類なので，指定数量は**6000**ℓ，よって3000ℓは0.5倍となる）これが正解となります。

　なお，他の指定数量は，(2)が50ℓ，(3)が1000ℓ，(4)が200ℓ，(5)が400ℓで，倍数は(2)〜(5)とも0.4倍になります。

【11】　解答　(3)

解説　（　）内に指定数量が示されているので，示された貯蔵量をその指定数量で割ればよいだけです。

　よって，（300÷300）＋（20÷10）＋（110÷50）

　＝1＋2＋2.2＝5.2（倍）となります。

【12】　解答　(5)

解説　問題文は，移送取扱所の説明です（一般取扱所はP157の④参照）。

【13】　解答　(4)

解説　消防本部及び消防署が置かれている市町村の区域の場合，設置許可は市町村長に対して申請します。

【14】　解答　(5)

解説　P159の表3−1の②より，**遅滞なく**市町村長等に届け出ます。

【15】　解答　(3)

解説　(1)は所轄消防署長ではなく，**市町村長等**の**許可**，(2)は，所轄消防署長ではなく，**市町村長等**の**承認**を受けなければなりません。(4)は，すべての製造所等ではなく，「液体の危険物を貯蔵，取扱うタンク」を有する製造所等，(5)は，「使用を開始した場合」ではなく，使用開始**前**に「**市町村長等**」が行う完成検査を受ける必要があります。

【16】　解答　(2)

解説　P158，余白部分にあるポイントの「許可の手続き」参照。

【17】 解答 （2）

解説　P159の表3－1より，市町村長等に届出が必要なのは，B，Eの2つのみです（A，Cは不要，Dは市町村長等の**認可**が必要）。

【18】 解答 （2）

解説　CとEが誤りです。

C　移動タンク貯蔵所の常置場所の変更は届け出ではなく，市町村長等への許可が必要になります。（⇒P158の1の手続きになる）

E　危険物施設保安員の選任，及び解任は届け出が不要です。

【19】 解答 （3）

解説　P159，表3－1の①参照。

【20】 解答 （2）

解説　P159の表3－1の①より，貯蔵する危険物の品名を変更する場合は，変更する日の10**日前**までに，市町村長等に届け出る必要があります。

【21】 解答 （4）

解説　B，D，Eが正解です。Bは**【20】**の解説参照。Dの忘失した免状を発見した場合は，10**日**以内に提出する必要があります。EはP159参照。仮貯蔵，仮取扱いは10**日**以内に限ります。

A　危険物施設保安員は選任，解任しても届出は不要です。

C　製造所等を廃止した場合の届出は「遅滞なく」です。また，届出先は消防長ではなく市町村長等です（P159の表3－1の③参照）。

【22】 解答 （3）

解説　B　「変更工事に係る部分」ではなく「変更工事に係る部分以外の部分」が正解です。つまり，変更工事を「行っている部分」ではなく，「行っていない部分」です。

C　仮使用に必要なのは仮貯蔵と同じく承認です。

【23】 解答 （5）

解説　(1)　仮使用は，変更に係らない部分について仮に使用するための手続きです。

(2)　変更工事の開始前ではなく，<u>工事中に仮に使用する</u>ための手続きです。

(3)　仮使用は，変更工事に際しての手続きであり，設置前に仮に使用するための手続きではありません。

(4)　事務所の一部は**変更に係る部分**となり（事務所の全面改装なので），仮使用の承認申請はできません。

【24】　解答　(3)

解説　（P 160，【1】【2】より）(1)は【1】の③，(2)は【1】の②，(4)は【1】の⑤，(5)は【1】の①より，製造所等の設置許可を取り消される事由になります。

　　しかし，(3)は【1】のいずれにも該当しないので，設置許可を取り消されることはありません（⇒予防規程の作成認可の規定には違反）。

【25】　解答　(1)

解説　危険物の貯蔵，取扱基準の遵守命令に違反したときは，使用停止命令の発令事由です。

(2)　講習の受講義務に違反した場合は，消防法違反となって**免状返納命令の対象**とはなりますが，**使用停止命令の発令事由にはなりません。**

　　なお，免状関係では，次の場合も許可の取り消しまたは使用停止命令とは関係がないので覚えておこう。

> ・免状の返納命令を受けた
> ・免状の書換えをしていない　（⇒　・許可の取り消し　・使用停止命令　とは関係がない。）

(3)　届け出義務違反⇒　命令は発令されません。

(4)　解任命令を受けた，というだけでは使用停止命令を受けることはありません。使用停止命令を受けるのは，解任命令に<u>違反した</u>（解任命令を受けたのに解任しなかった）<u>場合</u>です。

(5)　届け出義務違反⇒　命令は発令されません。

【26】　解答　(4)

解説　(4)の免状返納命令は，許可の取り消し，使用停止命令のいずれにも該当しません（その他は，P 161，【2】に該当する）。

【27】 解答 (4)　（CとEが該当する）

解説　AとBは，P 161，**【2】**に該当する事項ではありません。また，Dは，位置，構造及び設備を変更していないので，使用停止命令の対象外です。なお，Cは**【1】**の③，Eは**【2】**の②に該当し，使用停止命令の対象となります。

【28】 解答 (2)

解説　定期点検に，それを報告する義務（報告義務）というのはありません（義務は点検の実施，記録の作成とその保存のみ）。

【29】 解答 (5)

解説　この場合は，危険物保安監督者の解任を命じられます。

【30】 解答 (5)

解説　使用停止命令を出すのは市町村長等です。

【31】 解答 (3)

解説　(A)，(B)，(D) はその通り。(C) は「所有者等」です。

【32】 解答 (2)

解説　地下貯蔵タンク，地下埋設配管及び移動貯蔵タンクの漏れの点検は，点検の方法に関する知識及び技能を有する**危険物取扱者**と危険物施設保安員が行う点検で，危険物取扱者の立会い（注：危険物施設保安員は立会えない）があれば，資格がなくても行えますが，その際，「**漏れの点検方法に関する知識及び技能**」を有していなければ行うことができません（「誰でも」が誤り）。

【33】 解答 (4)

解説　(1)　危険物取扱者が立ち会えば無資格者も行うことができます。
(2)　「製造所等における危険物の貯蔵及び取扱い」ではなく，「製造所等の位置，構造及び設備」が技術上の基準に適合しているかどうかについて行います。
(3)　危険物施設保安員は定期点検を行えますが，立会いはできません。
(5)　危険物施設保安員が定められていても免除はされません。

第3編

法令の解答と解説

〈類題〉ガソリンを貯蔵または取扱う製造所等の定期点検は，危険物取扱者の立会いがあっても，危険物取扱者以外の者が行うことはできない。

⇒　ガソリンを取扱える有資格者が立会えば無資格者でも行えます。したがって，×です。

【34】　解答　(2)

解説　定期点検を必ず実施する施設　→　地下タンクを有する施設と移動タンク貯蔵所。したがって，地下タンクを有する製造所は定期点検を実施する必要があります。

【35】　解答　(3)　(A，B，Dが義務づけられている)

解説　P162より，A，B，Dは定期点検が義務づけられていますが，Cは義務がなく，また，Eの給油取扱所は「地下タンクを有する」という条件が必要なので，こちらも義務はありません。

【36】　解答　(5)

解説　(1)　製造所等の**所有者**，**管理者**又は**占有者**が定めます。

(2)　定めたとき，変更するときは，**市町村長等**の**認可**が必要です。

(3)　**給油取扱所**と**移送取扱所**では全て定める必要がありますが，その他の製造所等では指定数量により定めます。

(4)　自衛消防組織の有無と予防規程とは関係がありません。

【37】　解答　(2)

解説　予防規程に定めなければならない事項に，火災などが発生した場合の損害調査に関することは含まれていません（「製造所等の設置にかかわる申請手続きに関すること」も含まれていないので，念のため）。

なお，(5)はセルフ型スタンドの問題でよく出題されているので，注意してください。

【38】　解答　(2)　(A，Cが誤り)

解説　A　誤り。資格がなくても危険物保安統括管理者になることはできます。

B　正しい。

C　誤り。丙種危険物取扱者に立ち会い権限はありません。

D，E　正しい（E：甲種はすべての種類の危険物を取り扱うことができる

と同時に，立会うこともできます。）

【39】 解答 (4)

解説 (1) 選任されなくても，都道府県知事から交付を受ければ危険物取扱者です。

(2) 乙種でも6か月以上の実務経験があればなることができます。

(3) 乙種第4類の免状を有すれば特殊引火物を取り扱うことができます。

(5) 危険物施設保安員は資格がなくてもなれるので，無資格者の危険物施設保安員であるなら別に危険物取扱者の有資格者を置く必要があります。

【40】 解答 (3)

解説 (2) 免状の再交付申請は，免状の交付又は書替えをした都道府県知事に申請することができます。

(3) 免状の返納を命じられた場合は，その日から起算して1年を経過しないと免状の交付は受けられません。

(5) 正しい。なお，再交付そのものには，申請義務はありません。

第3編

法令の解答と解説

【41】 解答 (5)

解説 (1)の免状を汚損したときは再交付申請，(2)の再交付は義務ではありません。(3)の書替え申請は，居住地又は勤務地のほか「免状を交付した」都道府県知事に対しても申請ができます。(4)は，免状を書き換えた都道府県知事に対しても申請することができます。

【42】 解答 (3)

解説 A，Dについて⇒ 現住所や勤務地の変更は書換え義務がありません。

【43】 解答 (2) （A，Eが正しい。）

解説 B 免状を携帯していなければならないのは「危険物取扱者が移動タンク貯蔵所に乗車して危険物を移送している場合のみ」です。

C 免状は全国で有効で，取得した都道府県以外で危険物を取り扱うこともできます。

D 書換え申請が必要な場合は，「①氏名，②本籍地の都道府県，③免状の写真が10年経過した場合」で，②はあくまでも本籍地なので，居住地が変わっても書換え申請は必要ありません。

【44】 解答 (2)

解説　保安講習は全国どこの都道府県で受講しても有効です。

(1)　危険物の取扱作業に従事している<u>危険物取扱者</u>（丙種も受講義務があるので注意！）は受講義務があります。

【45】 解答 (4)

(1)　そういう制度はありません。

(2)　危険物の取扱作業に従事している者でも，危険物取扱者の資格のない者は受講義務がありません。

(3)　受講期間は，P 169，**【2】**を考えればよく，甲種，乙種，丙種の違いはありません。

(5)　**資格の無い**危険物施設保安員の場合は，受講義務がありません。

【46】 解答 (3)

解説　保安講習の受講義務のある者は，「①危険物取扱者の資格のある者」が「②危険物の取扱作業に従事している」場合です。危険物保安監督者は「甲種，または乙種危険物取扱者の<u>資格のある者</u>」で「<u>6ヶ月以上の実務経験のある者</u>」の中から選任するので受講義務があります。

(1)　上の条件の②が欠けているので，受講義務はありません。

(2)　危険物保安統括管理者でも「危険物取扱者の資格のない者」は受講義務がありません。

(4)　設問の人物は②の条件しか満たしていないので，受講義務はありません。

(5)　免状の交付を受けてから単に1年以内の者であるなら，①の条件しか満たしていないので，受講義務はありません。

【47】 解答 (3)

解説　(1)　継続して従事している者が免状の交付を受けた場合は，免状交付日以後における最初の4月1日から3年以内に受講すればよいので，受講時期はまだ過ぎていないことになります。なお，免状の交付の「2年前」を「2年6か月前」とした出題もありますが，答は同じです。

(2)　危険物取扱作業に従事し始めた1年前に戻ると，P 169【2】の（イ）に該当するので，その交付日以後における最初の4月1日から3年以内に受講すればよく，受講時期はまだ過ぎていないことになります。

(3)　問題文の「その直後から」より，免状の交付日が従事し始めた日となる

ので，P169【2】の（イ）より，従事し始めた日から過去2年以内に免状の交付を受けた場合に該当し，その交付日以後における最初の4月1日から3年以内に受講する必要があります。従って，軽油の1年と硫黄の3年の計4年になるので，受講時期が過ぎていることになります。

⑷ 危険物の取扱作業に従事していない者に受講義務はないので，当然，受講時期も過ぎていないことになります。

⑸ ⑵と同じ状況なので，受講時期はまだ過ぎていないことになります。

【48】 解答 ⑴

解説 「免状の交付を受けた」というだけでは保安講習の受講義務はありません。

【49】 解答 ⑷

解説 危険物保安監督者を選任しなくてもよいのは**移動タンク貯蔵所**です。なお，指定数量などに関係なく必ず選任する必要がある事業所は，**製造所，屋外タンク貯蔵所，給油取扱所，移送取扱所**，の4つの施設のみです（なお，⑶の屋内タンク貯蔵所をはじめ，その他の製造所等にも原則として選任する必要がありますが，その際，指定数量や引火点などの条件が加わります）。

【50】 解答 ⑸

解説 丙種危険物取扱者を危険物保安監督者として選任することはできません。

【51】 解答 ⑵

解説 設問の業務は危険物保安**統括**管理者の業務です。

⑷ この逆の場合，つまり「保安監督者は保安員の指示に従う」とあれば×なので注意しよう！

【52】 解答 ⑷

解説 B，D，Eが正しい。

A 両者とも特に資格は必要とされていません。

C 立会い権限があるのは**丙種以外**の危険物取扱者であればよいだけです。

E 【49】の解説より，正しい。

第3編

法令の解答と解説

【53】 解答 (3)

解説　保安距離が必要な施設は，⇒　製造所，一般取扱所，屋内貯蔵所，屋外貯蔵所，屋外タンク貯蔵所の5つです。

【54】 解答 (5)

解説　(5)以外はすべて保安距離が必要な施設（**【53】**の解説参照）に入っています。

【55】 解答 (5)

解説　学校や病院などと具体名が出ているので迷うかも知れませんが，それらからの保安距離ではなく，単に「保安距離が必要な製造所等は？」を問うだけの問題なので，「保安距離が必要な5つの施設」（**【53】**参照）から，5つとも保安距離が必要な施設となります。

> 具体名を出して「保安距離が必要な製造所等は？」と問う問題は
> ⇒　単に「保安距離が必要な製造所等は？」という問題に置き換えてみる。

なお，「多数の人を収容する施設」を「300人以上の人員を収容する施設」と具体的な数値を出して出題される場合もありますが，「多数の人」を「300人以上」に替えただけであり，答は同じです。

【56】 解答 (4)

解説　保安距離は次の通りです。

対象物	保安距離
特別高圧架空電線	3m または5m以上
一般住宅(敷地外)	10m以上
高圧ガス施設	20m以上
学校や病院など	30m以上
重要文化財等	50m以上

したがって，(4)の病院……30m以上，が正解です。

【57】 解答 (2)

解説　A，D，Eが不要です。

A　学校の場合，保安距離をとる必要があるのですが，ただ大学と短期大学

は例外で，保安距離をとる必要はありません。

D 架空電線に対して保安距離を保つ必要があるのは，**架空電線の電圧が7000V を超える場合**なので，したがって6600V では不要となります。

なお，**埋設電線の場合**は，7000V を超えていても保安距離は<u>不要</u>です。

E 敷地内にある住宅の場合は保安距離が不要です（敷地外の一般住宅は必要です）。

【58】 解答 (2)

解説 保有空地が必要な施設は，

⇒ 保安距離が必要な施設（P174参照）＋簡易タンク貯蔵所＋移送取扱所

つまり，「保有空地が必要な施設」と「保安距離が必要な施設」は<u>同じだ</u>，と覚えればよいのです。ただ，「保有空地が必要な施設」には**簡易タンク貯蔵所**と**移送取扱所**という "おまけ" が付いている，と頭の隅にでも置いておけばよいだけです。

【59】 解答 (1)

解説 (1) P 174の表より，両方とも含まれています。

なお，保有空地が不要なものを確認すると，(2)は第 1 種販売取扱所，(3)は第 2 種販売取扱所，(4)は屋内タンク貯蔵所，(5)は給油取扱所になります。

【60】 解答 (2)

解説 蒸気は屋外の**高所**に(強制的に)排出する設備を設ける必要があります。

〈床についての類題〉

床は地盤面以下に設ける必要がある。 答 ×

【61】 解答 (3)

解説 (1)の場合は，網入りガラスとする必要があります。(2)の天井を設けてはならないのは全てではなく，屋内貯蔵所と屋内タンク貯蔵所です。(4)の地階を有することはできません。(5)は100倍ではなく10倍です。

【62】 解答 (4)

解説 (1) 法令では，「配管は，その設置される条件および使用される状況に照らして**十分な強度を有するもの**とし，……」となっているので，鋼鉄製又は鋳鉄製のものでなければならない，というのは，誤りです。

(2) 配管を地下に設置する場合には，規則第13条の5より，「**その上部にか
かる重量が当該配管にかからないように保護すること。**」となっているの
で，車両等が通行しない位置としなければならない，というのは誤りです。

(3) 配管を屋外の地上に設置する場合には，規則第13条の5より，「**地震，
風圧，地盤沈下，温度変化による伸縮等**に対し安全な構造の支持物により
支持すること。」となっているので，直射日光から保護するための設備，
というのは，誤りです。

(4) 正しい。

(5) 同じく危政令第9条の21より，配管の水圧試験は，最大常用圧力の5.5
倍ではなく，**1.5倍以上**の圧力で行う必要があるので，誤りです。

【63】 解答 (4)

解説 屋内貯蔵所では，貯蔵倉庫は平屋建てとし，**天井は設けないこと**（可
燃性蒸気が滞留しないようにするため），となっています。

【64】 解答 (2)

解説 屋外貯蔵所で貯蔵できる危険物は，

・第2類の危険物のうち硫黄または**引火性固体**（引火点が0℃以上のものに
限る）

・第4類の危険物のうち特殊引火物を除いたもの（**第1石油類**は引火点が
0℃以上のものに限る）

従って，下線部より，特殊引火物は貯蔵できません。

【65】 解答 (2)

解説 重油は特殊引火物以外の第3石油類，ギヤー油は特殊引火物以外の第
4石油類なので貯蔵可能。硫黄は第2類の危険物ですが，こちらも貯蔵可
能です。

(1) 3つとも第4類危険物ですが，ガソリンは第1石油類であっても引火点
が0℃以上ではありませんので貯蔵はできません。

(2) 二硫化炭素は特殊引火物なので貯蔵できません。

(4) 赤りんとマグネシウムは貯蔵不可能な第2類の危険物です。

(5) 硝酸は第6類の危険物，アセトンは引火点が0℃未満の第1石油類，ジ
エチルエーテルは特殊引火物です。したがって，3つとも貯蔵できません。

【66】 解答 (4)

解説 「タンク専用室には，窓を設けないこと。」となっています。

【67】 解答 (4)

解説 屋外タンク貯蔵所の防油堤内にタンクが2以上ある場合は，その中で<u>最大のタンク容量</u>の**110%以上**とすること，となっており，「合算した容量」ではないので誤りです。

【68】 解答 (3)

解説 最大のタンク容量は4号タンクの重油500kℓなので，防油堤の容量は，その110%の550kℓ以上必要，となります。

【69】 解答 (3)

解説 液体の危険物の地下貯蔵タンクの注入口は，建物内ではなく，**屋外**に設ける必要があります（注：(2)⇒タンクと壁は**0.1m以上**の間隔が必要）。

【70】 解答 (2)

解説 2基までしか…ではなく，「2基以上は設置できない」が正解です。
（注）「2基まで設置できる」の場合，2基は設置できますが，「2基<u>以上</u>は設置できない」の場合，「2基を設置することはできない」となります（「以上」が付くので「2」も含むため）。つまり，「同一品質の危険物は<u>1基し</u>か設置することができない」という意味です。

【71】 解答 (3)

解説 タンクの容量は**30000ℓ以下**です。

【72】 解答 (5)

解説 危険物の倍数に関係なく自動車用消火器を**2個以上**設置すること，となっています。

【73】 解答 (5)

解説 (1) 移動タンク貯蔵所から引火点が**40℃未満**の危険物を注入する時は，注入ホースと注入口を緊結すること，となっています。
(2) 40℃<u>以上</u>ではなく，**40℃未満**です。

(3)　移動貯蔵タンクの底弁は開放ではなく，**閉鎖**しておく必要があります。

(4)　表示する設備を設ける必要があります。

【74】　解答 (4)　（P182の規定の書類参照）

【75】　解答 (3)　（C，D）

解説　C　P177，表3－4より，ふたは計量時以外は**閉鎖しておく**必要が
あります。

D　引火点は**40℃以上**の第4類危険物に限ります（灯油，重油はＯＫだがガ
ソリンは×。）

【76】　解答 (1)

解説　「引火点が40℃以下」ではなく「引火点を有する」が正解です。

【77】　解答 (4)

解説

(1)　誤り。顧客用固定給油設備以外の給油設備には，顧客が自ら用いること
ができ**ない**旨の表示をする必要があります。

(2)　誤り。「自ら給油を行うことができる旨」「自動車等の停止位置」「危険
物の品目」「ホース機器等の使用方法」の表示は必要ですが，「自動車等の
進入路」と「営業時間」の表示は不要です。

ちなみに，「危険物の品目」の表示ですが，ハイオクが黄色，レギュラ
ーが赤色，軽油が緑色，灯油が青色となっています。

(3)　誤り。自動車等の燃料タンクが満量となったときは警報を発するのでは
なく，**給油を自動的に停止する構造**とする必要があります。

(5)　誤り。建築物内に設置してもかまいません。

【78】　解答 (4)

解説　1週間に1回以上ではなく，1日に1回以上です。

【79】　解答 (5)

解説

(1)　火気については「みだりに火気を使用しないこと」となっていて，絶対
に禁止ではありません。

(2) 可燃性蒸気が漏れたり滞留する恐れのある場所では，火花を発する機械器具は使用できません（P190の⑦参照）。

(3) 保護液から露出させないように貯蔵します（⇒ 空気に触れさせないため）。

(4) 焼却して廃棄することができます。

【80】 解答 (2) （A，C，Eが誤り）

A 屋内貯蔵所では危険物の温度が55℃を超えない措置を講ずる必要があります。

C たとえ危険物取扱者が立ち会っても，許可や届出がされている品名以外の危険物を取扱うことはできません。

E 指定数量の100倍ではなく，「指定数量の10倍以下ごとに区分し，かつ，0.3m 以上の間隔を置いて貯蔵すること」となっています。

【81】 解答 (3)

(1) このような規定はありません。

(2) 水を張る必要はありません（水を張ると，その分，容器などから漏れた危険物の回収する量が減るため）。

(4) 防爆構造の必要があるのは可燃性蒸気等が滞留する恐れのある場所だけです（P176，表3 － 2 参照）。

(5) 指定数量以下の少量であっても原則として貯蔵はできません。

【82】 解答 (5)

解説 可燃性の液体や可燃性の蒸気，ガス等が滞留するおそれのある場所では，火花を発する機械器具，工具，履物等を使用してはなりません。

【83】 解答 (4) （A，B，Eが誤り）

解説

A 危険物を埋没して廃棄することも可能です。

B たとえ少量ずつでも危険物を海中や水中に廃棄することはできません。

E 危険物の品名を変更する場合は，変更しようとする日の10日前までに届け出る必要があります（随時ではありません）。

第 3 編

法令の解答と解説

【84】　解答　(2)　（AとEが正しい）

解説

　　B　危険物を焼却によって廃棄する場合,安全な場所でも見張人は必要です。

　　C　タンクの計量口は残量を確認する場合のみに開放し,危険物を注入する
　　　際には開放せず閉鎖しておきます（P177,表3－4参照）。

　　D　タンクの元弁,底弁とも,使用時以外閉鎖しておく必要があります。

【85】　解答　(2)

解説　(1)　特殊引火物は危険等級Ⅰ,第1石油類,アルコール類は危険等級
　　Ⅱ,それ以外の第4類危険物は危険等級Ⅲになります。

(2)　指定数量未満の少量の危険物でも運搬の基準は適用されます。

(3)　収納口を横に向けて積む"横積み"は禁止です。

【86】　解答　(5)　（A,B,D,Eが誤り）

解説

　　A　「白色の反射塗料」ではなく,「黄色の反射塗料」です。

　　B　消火設備を設ける必要があるのは,指定数量以上の危険物の運搬の場合
　　　です（指定数量未満の場合⇒運搬の基準は適用,消火設備は不要）。

　　D　運搬の場合,危険物取扱者の同乗は不要です。

　　E　このような規定はありません（届出は不要です）。

【87】　解答　(5)

解説

(1)　設問は混載についての説明ですが,混載はすべて禁止されているわけで
　　はありません。

(2)　運搬時の容器積み重ね高さは3m以下です。

(3)　固体の場合「95％以下」です。なお,液体の危険物は,「内容積の98％
　　以下の収納率であって,かつ気温が55℃において漏れないよう十分な空間
　　容積を有して収納すること」となっています。

(4)　高圧ガスが120ℓ未満の場合に限り,一定の条件下で混載ができます。

【88】　解答　(1)

解説　(1)　第2類の引火性固体は,常温（20℃）でも可燃性蒸気を発生する
　　ので,注意事項は「火気厳禁」になります。なお,それ以外は「火気注意」

が必要です。

(2) 第3類の危険物の場合は，**空気接触厳禁**と**火気厳禁**です（禁水性物品は**禁水**）。

(3) 第4類の危険物の場合は，**火気厳禁**です。

(4) 第5類の危険物の場合は，**火気厳禁，衝撃注意**です。

(5) 第6類の危険物の場合は，**可燃物接触注意**です。

【89】 解答 (2)

解説 〈容器の材質についての例題〉

運搬容器として不適当なものは次のうちどれか。

1．陶器　　2．ガラス　　3．金属　　　　　　　　答　1

【90】 解答 (4)

解説 正しくは，第3類と第4類が正解です（つまり，混載が可能）。

【91】 解答 (1)

解説 たとえ**定期的**に移送する場合であっても，そのような届け出の必要はありません。

(2) 運転者，または同乗者が必ず**危険物取扱者**である必要があります。

〈類題〉

所轄消防長の承認を受ければ，丙種危険物取扱者がアルコール類を移送することができる。

⇒　このような規定はないので誤り（丙種はアルコール類を取り扱えないので，移送はできない）。

【92】 解答 (3)

解説 (1) 点検は1月に1回以上，ではなく**移送開始前**に行います。

(2) 一時停止は，「所轄消防長の承認を受けた場所」ではなく，「安全な場所」を選び，危険物の保安に注意すること，となっています。

(4) 書類は「事務所に保管」ではなく，移動タンク貯蔵所に**備え付けておく**必要があります（書類は「原本」です。「写し」ではダメなので注意しよう）。

(5) 危険物の流速は**遅く**する必要があります（速いと静電気が生じやすい）。

【93】 解答 （3）

解説　　ＡとＣが誤りです。

Ａ　注入ホースと注入口を緊結しなくてよいのは，引火点が40℃以上の危険
　　物を指定数量未満のタンクに注入する場合で，ガソリンの引火点はそれに
　　当てはまらないので（－40℃以下）緊結する必要があります。

Ｃ　移送の際は，**危険物取扱者の免状を携帯する**必要があります。

【94】 解答 （3）

解説　（1）　移送するからといって，その計画を届け出る必要はありません。

（2）　Ｐ182下，＊規定の書類より，設置許可書は備える必要はありません。

（4）　連続運転時間が**4時間**，1日あたりの運転時間が**9時間**を超える場合は，
　　2人以上の運転要員を確保する必要がありますが，本問のように危険物が
　　貯蔵されていない状態では，その必要はありません。

（5）　丙種危険物取扱者はベンゼン（第1石油類）を取扱うことができないの
　　で，移送はできません。

【95】 解答 （4）

解説　「刑事は，色が無い　現金／に　注意／すんだとさ」を思い出す。
　　　　　　　　　　1・6類がない　厳禁　2類　注意　水　　13

　　火気厳禁⇒　2，3，**4**，5類　　　火気注意⇒　2類

　　禁水　　⇒　1，3類

　　したがって，第4類の危険物は「**火気厳禁**」のみです。

【96】 解答 （2）

解説　第3種の消火設備は，名称の最後が「消火設備」で終わります。

　（1）⇒第1種，（3）⇒第5種，（4）⇒第2種，（5）⇒第4種，となります。

【97】 解答 （4）（Ｃ，Ｄ）

解説　第3種消火設備は名称の最後が「消火設備」で終わるので，Ｃが該当
　　し，第4種消火設備は大型消火器なので，Ｄが該当します。

　Ａ⇒第1種，Ｂ⇒第2種，Ｅ⇒第5種，となります。

【98】 解答 （1）

解説　第4種消火設備とは大型消火器のことです。

(2) ⇒第3種，(3)⇒第2種，(4)(5)⇒第5種，となります。

【99】 解答 (2)

解説 (2) の大型消火器は第4種です。

【100】 解答 (2)

解説 水噴霧消火設備は「消火設備」で終わっているので第3種消火設備です。

【101】 解答 (5)

解説 100倍ではなく10倍です。

【102】 解答 (3)

解説 スプリンクラー設備は，第2種の消火設備です。

【103】 解答 (5)

解説 第5種の消火設備（小型消火器）の設置基準で，有効に消火することができる位置に設ける製造所等は，次のようになっています。

給油取扱所，簡易タンク貯蔵所，移動タンク貯蔵所，地下タンク貯蔵所，販売取扱所

こうして覚えよう！

小型消火器は　旧　館　の　井戸　の　近く　で販売している

小型消火器　　　　　給油　簡易　　　　移動　　　　地下タンク　　　　販売

従って，(5)の地下タンク貯蔵所と移動タンク貯蔵所が正解となります。

（本文→P200）

【104】 解答 (2)

解説 Aは10以上，Bは移動タンク貯蔵所が正解です。なお，DはP244,【104】の余白に掲げた施設に給油取扱所が含まれているので，**自動火災報知設備**の設置が必要になります。

第4編

模擬テスト

模擬テスト

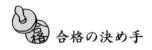

 ガンバルゾ!

1️⃣ 試験は5肢択一式の筆記試験で行われます。解答はマークシート方式で，解答カードの正解番号を鉛筆で塗りつぶしていきます。この解答方式にまず慣れましょう。

2️⃣ 各科目の出題数は，①危険物に関する法令15問，②物理と化学10問，③危険物の性質10問で，合計35問です。試験時間は2時間（120分）ですから，1問当たり約3分位で解答していくスピードが必要となります。それでいくと，①危険物に関する法令についてはスタートしてから45分経過した時点で終了していることが必要になります（3分×15＝45分）。同じく②物理と化学はスタートしてから75分（1時間15分）経過した時点で終了していることが必要になります（45分＋3分×10＝75分）

　これらを時間の目安にして，少なくとも試験の終了5〜10分前までにはすべての解答を終えるように練習をしてください。

　そして，その5〜10分を使って名前などの書き間違えがないか，また，もう一度問題を見直す余裕があれば解答ミスがないか，などの最後のチェックを行います。（もちろん，それよりもっと早く終了すれば問題の見直しをできる限りやって下さい）

3️⃣ どうしても分からない問題が出てきた時。

　後回しにします（⇒　難問に時間を割かない）。問題番号の横に「?」マークを付け，とりあえず何番かの番号にマークをしておき，すべてを解答した後でもう一度解けばよいのです。

　この試験は全問正解する必要はなく，60％以上正解であればよいのです。したがって，確実に点数が取れる問題から先にゲットしていくことが合格への近道なのです。

4️⃣ 思い出す必要がある事項（たとえば［こうして覚えよう］のゴロなど）は，書いて差しつかえのない部分にメモをした方が頭が混乱せずに済みます。

5️⃣ 試験の前に何回か本試験を想定して問題を解いておくのも合格への近道となります。

　したがって，この模擬テストだけではなく，市販の模擬問題集（「本試験形

式・乙種４類危険物模擬テスト（弘文社刊）なども利用されることをおすすめいたします。

6 最後に，本試験の場合は規定の時間（35分位）が過ぎると途中退出が認められ，周囲が少々騒がしくなりますが，気にせずマイペースを貫いて下さい。

以上を頭に入れて，次の模擬テストを本試験だと思って解答して下さい。

解答カード（見本）

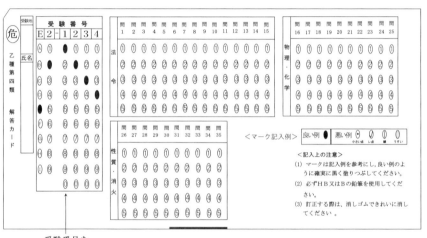

受験番号を
E2-1234
とした場合の例

（拡大コピーして，解答の際に使用して下さい。）

（注）　模擬テスト内で使用する略語は次の通りです。

　　　　法令……………消防法，危険物の規制に関する政令又は危険物の規制
　　　　　　　　　　　　に関する規則

　　　　法………………消防法

　　　　政　令…………危険物の規制に関する政令

　　　　規　則…………危険物の規制に関する規則

　　　　製造所等………製造所，貯蔵所又は取扱所

　　　　市町村長等……市町村長，都道府県知事又は総務大臣

　　　　免状……………危険物取扱者免状

　　　　所有者等………所有者，管理者又は占有者

　　　　　　　　　　　　（本試験でもこの注意書きは書かれてあります。）

〈危険物に関する法令〉…時間の目安ラインが付いています

【1】 法別表第1に掲げる危険物の類別，性質及び品名で，誤っているものを組み合わせたものはどれか。

	類別	性質	品名
(1)	第1類	酸化性固体	過塩素酸塩類
(2)	第3類	可燃性固体	マグネシウム
(3)	第4類	引火性液体	動植物油類
(4)	第5類	自己反応性物質	硝酸エステル類
(5)	第6類	酸化性液体	過酸化水素

【2】 現在，軽油を1000ℓ貯蔵している。次の危険物を同一場所に貯蔵した場合，指定数量の倍数の合計が最も大きくなるものはどれか。
- (1) ジエチルエーテル …………150ℓ
- (2) ガソリン ………………………180ℓ
- (3) アセトン ………………………800ℓ
- (4) 重油……………………………2000ℓ
- (5) シリンダー油…………………3000ℓ

【3】 現在灯油を200ℓ貯蔵している。さらに次の危険物を同一場所で貯蔵した場合，法令上，指定数量以上になるものはどれか。
- (1) ガソリン　　　　100ℓ
- (2) 軽油　　　　　　200ℓ
- (3) ギヤー油　　　　1000ℓ
- (4) 重油　　　　　　1600ℓ
- (5) シリンダー油　　2000ℓ

【4】 仮貯蔵，及び仮使用について，次のうち正しいものはどれか。
- (1) 消防長又は消防署長の許可を受けた場合は，10日以内に限り仮貯蔵ができる。
- (2) 市町村長等の承認を得れば，10日以内に限り変更工事に係る部分以外の部分の全部又は一部を仮に使用することができる。

(3) 指定数量以上の危険物を仮貯蔵する場合，周囲に建築物がなく安全な場所であれば届け出るだけでよい。

(4) 屋内貯蔵所を設置する場合，完成検査前に使用したいので仮使用を申請した。

(5) 指定数量以上の危険物を製造所等以外の場所で貯蔵し，取扱うことは，原則としてできない。

【5】法令上，製造所等における法令違反と，それについて市町村長等から受ける命令等の組合わせとして，次のうち誤っているものはどれか。

(1) 製造所等の位置，構造，及び設備が技術上の基準に適合していないとき
……………………………………製造所等の修理，改造又は移転命令

(2) 製造所等における危険物の貯蔵又は取り扱いが技術上の基準に違反しているとき……………………………危険物の貯蔵，取扱基準遵守命令

(3) 許可を受けないで，製造所等の位置，構造又は設備を変更したとき。
………………………………………使用停止命令又は許可の取り消し

(4) 公共の安全の維持又は災害発生の防止のため，緊急の必要があるとき
………………………………製造所等の一時使用停止命令又は使用制限

(5) 危険物保安監督者が，その責務を怠っているとき
………………………危険物の取扱作業の保安に関する講習の受講命令

第4編

【6】製造所等における地下貯蔵タンクの規則で定める漏れの点検について，次のうち誤っているものはどれか。

(1) 点検は，完成検査済証の交付を受けた日，又は前回の点検を行った日から3年を超えない日までの間に1回以上行わなければならない。

(2) 危険物取扱者の立会を受けた場合は，危険物取扱者以外の者が漏れの点検方法に関する知識及び技能を有しておれば点検を行うことができる。

(3) 点検の記録は，3年間保存しなければならない。

(4) 点検は，法令で定める技術上の基準に適合しているかどうかについて行う。

(5) 点検記録には，製造所等の名称，点検年月日，点検の方法，結果及び実施者等を記載しなければならない。

模擬テスト

【7】危険物取扱者について，次のうち誤っているものはどれか。

(1) 丙種危険物取扱者は，危険物取扱いの立会いができる。

(2) 丙種危険物取扱者は，定期点検の立会いができる。

(3)　甲種危険物取扱者は，すべての類の取扱いと立会いができる。

(4)　乙種第4類危険物取扱者が取扱い，又は立会いができるのは，第4類の危険物のみである。

(5)　乙種第4類危険物取扱者は，丙種危険物取扱者が取扱える危険物はすべて取扱うことができる。

【8】法令上，免状の交付について，（　）内のA〜Cに入る語句として，正しいものはどれか。

「（A）は，危険物取扱者が法又は法に基づく命令の規定に違反した場合，免状の（B）その日から起算して（C）を経過しない者に対しては，免状の交付を行わないことができる。また，罰金以上の刑に処せられた者で，その執行が終わり，又は受けることがなくなった日から起算して（D）を経過しない者に対しても，免状の交付を行わないことができる」

	A	B	C	D
(1)	市町村長	返納をした	2年	1年
(2)	都道府県知事	返納を命ぜられた	1年	2年
(3)	都道府県知事	返納をした	1年	1年
(4)	市町村長	返納を命ぜられた	2年	1年
(5)	都道府県知事	返納をした	2年	2年

【9】法令上，営業用給油取扱所の予防規程のうち，顧客に自ら給油等をさせる給油取扱所のみが，定めなければならない事項は，次のうちどれか。

(1)　顧客の車両に対する点検，整備に関すること。

(2)　顧客に対する車両の誘導方法に関すること。

(3)　顧客の車両に対する清掃方法に関すること。

(4)　顧客に対する監視その他保安のための措置に関すること。

(5)　顧客に対する従業員の安全教育に関すること。

【10】販売取扱所の基準について，次のうち誤っているものはどれか。

(1)　販売取扱所は，建築物の1階に設置すること。

(2)　保安距離及び保有空地については，ともに法令上の規制は受けない。

(3)　指定数量の倍数が40を超える危険物を取り扱うものを第2種販売取扱所という。

(4)　窓にガラスを用いる場合は，網入り構造のものとすること。

(5) 指定数量の倍数が15以下の危険物を取り扱うものを第1種販売取扱所という。

 ～30分目安ライン～

【11】 給油取扱所における危険物の取扱いに関する基準で，次のうち正しいものはどれか。

(1) 原則として給油空地からはみ出した状態で給油してはならないが，危険防止のための安全を十分に確認すれば給油することができる。

(2) 移動貯蔵タンクから専用タンクに危険物を注入する時は，移動タンク貯蔵所を専用タンクの注入口付近に停車させなければならない。

(3) 原動機付自転車に給油する際，鋼製ドラム缶から手動ポンプを用いて給油した。

(4) 移動タンク貯蔵所から専用タンクに危険物を注入中，自動車が給油のために入ってきたので当該専用タンクに接続している固定給油設備を使用し，給油ノズルの吐出量を抑えて給油作業を行った。

(5) 給油する時は自動車等のエンジンを停止させる必要があるが，移動タンク貯蔵所に給油する時はこの限りでない。

【12】 法令上，製造所等における貯蔵の技術上の基準について，次のうち誤っているものはどれか。

(1) 地下貯蔵タンクの注入口の弁又はふたは，危険物を出し入れするとき以外は閉鎖しておかなければならない。

(2) 移動貯蔵タンクの底弁は，使用時以外は完全に閉鎖しておかなければならない。

(3) 屋外貯蔵タンクの周囲の防油堤に設けられた水抜口は，内部の水や油を排出するとき以外は閉鎖しておかなければならない。

(4) 圧力タンク以外の簡易貯蔵タンクの通気管の先端は，危険物を注入するとき以外は閉鎖しておかなければならない。

(5) 屋内貯蔵タンクの計量口は，計量するとき以外は閉鎖しておかなければならない。

【13】 危険物の貯蔵，又は取扱いの技術上の基準について，次のうち正しいものはどれか。

(1)　危険物を焼却によって廃棄すると爆発を起こす恐れがあるので，絶対行ってはならない。

(2)　液体の危険物を貯蔵するタンクには，その量を手動で表示する装置を設ける必要がある。

(3)　給油取扱所の地下タンクの容量は10000ℓ以下に制限されている。

(4)　製造所等において危険物が残存している状態で設備や容器を修理する時は，安全な場所で行うこと。

(5)　移動タンク貯蔵所から専用タンクに危険物を注入する時は，そのタンクに接続している固定給油設備の使用を中止する必要がある。

【14】移動タンク貯蔵所による危険物の移送，および取扱いについて，次のうち誤っているものはどれか。

(1)　長距離にわたって移送する場合は，原則として2名以上の運転要員を確保すること。

(2)　危険物を移送する場合，その危険物を取り扱うことができる危険物取扱者を乗車させなければならないが，指定数量未満の場合はその限りでない。

(3)　灯油を移送する際，丙種危険物取扱者を同乗させ免状を携帯させた。

(4)　ガソリンやベンゼンなど，静電気が発生する恐れのある危険物を移動貯蔵タンクに注入する時は，タンクを接地するとともに注入管の先端をタンクの底部に着けて行うこと。

(5)　災害防止のため警察官が走行中の移動タンク貯蔵所を停止させ危険物取扱者の免状の提示を求めたらそれに従う必要がある。

【15】法令上，製造所等に設置する消火設備の区分について，次のうち誤っているものはどれか。

(1)　屋内消火栓は，各階ごとに，階の各部分から一のホース接続口までの水平距離が25m以下となるように設けなければならない。

(2)　ハロゲン化物消火設備は，第2種の消火設備である。

(3)　屋外消火栓は，防護対象物の各部分（建築物の場合は，1階及び2階に限る）から一のホース接続口までの水平距離が40m以下となるように設けなければならない。

(4)　電気設備に対する消火設備は，電気設備のある場所の面積100㎡ごとに1個，設置しなければならない。

(5)　地下タンク貯蔵所には，第5種の消火設備を2個以上設けなければなら

ない。

～45分目安ライン～

〈基礎的な物理学および基礎的な化学〉

【16】 次の水についての説明のうち，誤っているものはどれか。

(1) 水は1気圧において100℃で沸騰し0℃で凍る。

(2) 氷が溶けて水になる変化は融解である。

(3) 水に砂糖を溶かすと沸点は100℃より低くなる。

(4) 水は比熱，及び気化熱が大きい。

(5) 水1gの温度を14.5℃から15.5℃に高めるのに必要な熱量は4.186Jである。

【17】 ある物質の反応速度が10℃上昇するごとに2倍になるとすれば，10℃から60℃になった場合の反応速度の倍数として，次のうち正しいものはどれか。

(1) 10倍　　(2) 25倍　　(3) 32倍

(4) 50倍　　(5) 100倍

【18】 次の熱についての説明のうち，正しいのはどれか。

(1) 熱の対流は，固体と液体のみに起こる現象である。

(2) 水の熱伝導率は，銀より大きい。

(3) 水の膨張率は，空気より大きい。

(4) エタノールの比熱は，水より大きい。

(5) 濃度が濃い食塩水の氷点（凍結温度）は，普通の飲料水より低い。

【19】 80℃の銅500gを20℃の水の中に入れたところ，全体の温度が25℃になった。熱の流れは銅と水の間のみで行われ，銅の比熱は0.40J/（g・K）であるとすると，銅から流れ出た熱量はいくらか。

(1) 0.8×10^3J

(2) 1.1×10^4J

(3) 2.2×10^4J

(4) 3.3×10^4J

(5) 4.4×10^4J

【20】静電気による火災や爆発の事故を防ぐための方法として，次のうち最も適切なものはどれか。

(1) 絶縁性の床上で絶縁靴を着用する。

(2) 加湿，散水などにより湿度を上げる。

(3) 配管内を流れる可燃性液体の速度を大きくする。

(4) ノズルから放出する可燃性液体の圧力を高くする。

(5) タンク類などを電気的に絶縁する。

 ～60分目安ライン～

【21】次のうち，物理変化に該当するものはどれか。

A　水に熱を加えると気化して水蒸気になった。

B　水素が燃焼して水になった。

C　ニクロム線に電流を通じると熱が発生した。

D　塩酸に亜鉛を加えると水素が発生した。

E　固体が液体になった。

(1)　A，C　　　　(2)　A，C，E

(3)　B，C　　　　(4)　C，D，E

(5)　C，E

【22】次の反応のうち，酸化反応に該当するのはどれか。

(1)　濃硫酸　⇒　希硫酸

(2)　黄りん　⇒　赤りん

(3)　木炭　　⇒　一酸化炭素

(4)　水　　　⇒　水蒸気

(5)　氷　　　⇒　水蒸気

【23】燃焼の仕方に関する次の説明のうち，誤っているのはいくつあるか。

A　ガソリンやメタノールのように，発生した蒸気がその液面上で燃焼することを表面燃焼という。

B　水素のように，気体がそのまま燃焼することを内部（自己）燃焼という。

C　固体である硫黄やナフタレンは，加熱により分解され，その際発生する可燃性ガスが燃焼をする，これを分解燃焼という。

D　セルロイドのように，分子内に含有する酸素によって燃焼することを蒸

発燃焼という。

E　木炭やコークスのように，蒸発することなく固体が直接燃焼することを分解燃焼という。

(1)　1つ　　　　(2)　2つ

(3)　3つ　　　　(4)　4つ

(5)　5つ

【24】燃焼範囲の説明について，次のうち誤っているものはどれか。

(1)　燃焼範囲のうち，低い濃度の限界を下限値という。

(2)　下限値が低いほど，危険性が大きい。

(3)　燃焼範囲が広いほど危険性が大きい。

(4)　燃焼範囲内にある可燃性蒸気に炎を近づけると燃焼（爆発）する。

(5)　燃焼範囲は，燃焼に必要な酸素の量を容量％で表したものである。

【25】油火災と電気設備の火災のいずれにも適応する消火剤の組合せとして，次のうち正しいものはどれか。

(1)　泡，二酸化炭素，消火粉末

(2)　泡，二酸化炭素，ハロゲン化物

(3)　霧状の水，乾燥砂，ハロゲン化物

(4)　二酸化炭素，ハロゲン化物，消火粉末

(5)　霧状の水，消火粉末，泡

第4編

模擬テスト

～1時間15分目安ライン～

〈危険物の性質，ならびにその火災予防および消火の方法〉

【26】危険物の性状について，次のうち誤っているものはどれか。

(1)　危険物には単体，化合物および混合物の3種類がある。

(2)　同一の物質であっても，形状および粒度によって危険物になるものとならないものがある。

(3)　水と接触して発熱し，可燃性ガスを生成するものがある。

(4)　保護液として，水，二硫化炭素およびメタノールを使用するものがある。

(5)　不燃性の液体および固体で，酸素を分離し他の燃焼を助けるものがある。

【27】第4類危険物に共通する特性について，次のうち正しいものはどれか。

(1) 常温で液体又は固体である。

(2) 引火点以下であっても，炎や火花があれば燃焼する。

(3) 発火点はすべて100℃以上である。

(4) いずれも引火点を有する。

(5) 発生する可燃性蒸気の量と危険物の液温とは関係がない。

【28】第1石油類の貯蔵タンクを修理または清掃する場合の火災予防上の注意事項として，次のうち誤っているものはいくつあるか。

A　換気をして，発生する蒸気の濃度を燃焼範囲の下限界の1／4以下とする。

B　洗浄のため水蒸気をタンク内に噴出させるときは，静電気の発生を防止するため，高圧で短時間に行う。

C　残油などをタンクから抜き取るときは，静電気の蓄積を防止するため，容器等を接地する。

D　タンク内の作業に入る前にタンク内に残っている可燃性蒸気を排出し，タンク内の可燃性ガス濃度を測定器で確認してから修理等を開始する。

E　タンク内の可燃性蒸気を置換する場合には，窒素等を使用する。

(1)　1つ　　(2)　2つ

(3)　3つ　　(4)　4つ

(5)　5つ

【29】舗装面または舗装道路に漏れたガソリンの火災に噴霧注水を行うことは，不適応な消火方法とされている。次のA～Eのうち，その主な理由に当たるものの組合わせは，次のうちどれか。

A　ガソリンが水に浮き，燃焼面積を拡大させるため。

B　水が沸騰し，ガソリンを飛散させるため。

C　水滴がガソリンをかき乱し，燃焼を激しくするため。

D　水滴の衝撃でガソリンをはね飛ばすため。

E　水が側溝等を伝わりガソリンを遠方まで押し流すため。

(1)　AとB　　　(2)　AとE

(3)　BとC　　　(4)　CとE

(5)　DとE

【30】 ジエチルエーテルと二硫化炭素について，次のうち正しいものはどれか。

(1)　どちらも発火点は100℃以下である。

(2)　どちらも水より重い。

(3)　どちらも引火点はきわめて低い。

(4)　どちらも蒸気には麻酔性がある。

(5)　どちらもアルコールには，ほとんど溶けない。

～1時間30分目安ライン～

【31】 ガソリンを貯蔵していたタンクに，そのまま灯油を入れると爆発することがあるので，その場合は，タンク内のガソリンの蒸気を完全に除去してから灯油を入れなければならないとされている。この理由として，次のうち妥当なものはどれか。

(1)　タンク内のガソリン蒸気が灯油と混合して，灯油の発火点が著しく低くなるから。

(2)　タンク内のガソリン蒸気が灯油の流入により断熱圧縮されて発熱し，発火点以上になることがあるから。

(3)　タンク内のガソリン蒸気が灯油と混合して，熱を発生し発火することがあるから。

(4)　タンク内に充満していたガソリン蒸気が灯油に吸収されて燃焼範囲内の濃度に下がり，灯油の流入により発生する静電気の放電火花で引火することがあるから。

(5)　タンク内のガソリン蒸気が灯油の蒸気と化合して，自然発火しやすい物質ができるから。

【32】 メタノールとエタノールに共通する性質として，次のうち誤っているものはどれか。

(1)　燃焼範囲はガソリンより広い。

(2)　引火点は常温（20℃）以下である。

(3)　水より軽く，沸点は水より低い。

(4)　火災の場合，通常の泡消火剤を用いて消火する。

(5)　燃焼しても炎の色が淡いため認識しにくい。

第4編

模擬テスト

【33】灯油と軽油に関する性状について，次のうち正しいものはどれか。

(1)　引火点は常温（20℃）より高い。

(2)　蒸気は空気より軽い。

(3)　発火点は100℃より高く，ガソリンよりも高い。

(4)　引火点以下の場合，どのような状態でも引火はしない。

(5)　ガソリンが混ざっても溶け合わず，分離する。

【34】重油の性状について，次のうち誤っているものはどれか。

(1)　引火点が約250～380℃と高いので，通常の状態では加熱しない限り引火の危険はない。

(2)　燃焼温度が高いので，いったん燃え始めると消火が大変困難となる。

(3)　何らかの原因で容器が加熱されると爆発することがある。

(4)　霧状にすると火がつきやすくなる。

(5)　重油の中には自然発火するものもある。

【35】引火性液体の性状と危険性の説明として，次のうち誤っているものはどれか。

(1)　多くのものは液体の比重が1より小さいので，燃焼したものに注水すると，水面に浮かんで燃え広がり，かえって火災を拡大する。

(2)　導電率（電気伝導度）の小さいものは，流動，ろ過などの際に静電気を発生しやすく，静電気により火災になることがある。

(3)　一般に常温（20℃）では，沸点が低いものほど可燃性蒸気の発生が容易となるので，引火の危険性が高まる。

(4)　アルコール類は，注水して濃度を低くすると，その蒸気圧は上昇し，引火点は低下する。

(5)　粘度の大小は，漏えい時の火災の拡大に影響を与える。

模擬テスト・解答

【1】 解答 (2)

解説　(2)の可燃性固体，マグネシウムというのは，第2類危険物の性質および品名です（第3類危険物は，**自然発火性**及び**禁水性物質**で，黄りんなどがあります）。

【2】 解答 (1)

解説　この問題を解く場合，合計が大きくなりさえすればよいので軽油1000ℓのことを考える必要はなく，(1)〜(5)の危険物のうちで，指定数量の倍数が最も大きいものを選べばよいだけです。従って，各指定数量を並べると

(1)　ジエチルエーテル……50ℓ　　(2)　ガソリン …………………200ℓ
(3)　アセトン …………………400ℓ　　(4)　重油…………………………2000ℓ
(5)　シリンダー油………6000ℓ

　　　よって，それぞれの指定数量の倍数を求めると，(1)　3.0　(2)　0.9　(3)　2.0　(4)　1.0　(5)　0.5となるので，(1)の3.0倍が最も大きい，ということになります。

【3】 解答 (4)

解説　灯油の指定数量は1000ℓなので200ℓは**0.2倍**。従って，あと指定数量の倍数が**0.8以上**の危険物を貯蔵すれば「指定数量以上」となります。

　　　よって，(1)から順に指定数量の倍数を求めると（カッコ内が指定数量），(1)は，100÷(200)＝0.5，(2)は，200÷1000＝0.2，(3)は，1000÷(6000)＝0.166…，(4)は，1600÷2000＝0.8，(5)は，2000÷(6000)＝0.33……となるので，(4)が正解となります。

　　　なお，過去に「**非水溶性**で比重が○○，発火点が○○，引火点が30℃の第4類危険物2000ℓは指定数量の何倍か？」という出題がありましたが，P153の表2−2より，引火点30℃は**第2石油類**，その非水溶性の指定数量は**1000ℓ**なので，倍数は2000／1000＝**2倍**となります。

【4】 解答 (5)

解説　(1)　仮貯蔵は許可ではなく**承認**です。
　　　(2)　仮使用に10日以内という限定はありません（10日以内という限定がある

のは，仮貯蔵，仮取扱いの方です)。

⑶　安全な場所であっても仮貯蔵には承認が必要です。

⑷　仮使用は設置ではなく，位置や構造などを**変更する場合**のみです。

【5】　解答　⑸

解説　「危険物保安監督者に保安の監督をさせていないとき」は，P161，【2】の③に該当し，**使用停止命令**の対象ですが，危険物保安監督者自身がその**責務を怠っているとき**は市町村長等からの**解任命令**の対象となります。

(注：講習を受講しない時は**免状返納命令**の対象であり受講命令ではない)

【6】　解答　⑴

最近の出題傾向として，この地下貯蔵タンクの規則で定める漏れの点検については，よく出題されているので，この問題，特に⑴と⑵はよく覚えるようにしてください。

さて，その⑴の点検の時期ですが，3年ではなく原則**1年**です（⇒P163）。
(＊完成検査から15年を超えないものと**二重殻タンクの強化プラスチック製の外殻は3年**，**移動貯蔵タンクは5年**（保存は10年）です。)

【7】　解答　⑴

解説　丙種が立会えるのは**定期点検**の場合で，**危険物取扱い**の立会いはできません。

【8】　解答　⑵

解説　正解は次のとおりです。

「（A：**都道府県知事**）は，危険物取扱者が法又は法に基づく命令の規定に違反した場合，免状の（B：**返納を命ぜられた**）その日から起算して（C：**1年**）を経過しない者に対しては，免状の交付を行わないことができる。また，罰金以上の刑に処せられた者で，その執行が終わり，又は受けることがなくなった日から起算して（D：**2年**）を経過しない者に対しても，免状の交付を行わないことができる」

【9】　解答　⑷

解説　顧客に自ら給油等をさせる給油取扱所とは，いわゆるセルフ型の給油取扱所であり，自主保安基準としては，⑷の「監視」が必要になります。

【10】 解答 (3)

解説 第2種販売取扱所は「40を超える」ではなく，「15を超え40以下」と
なっています（第1種は「15以下」です）。

(2) 保安距離及び保有空地については P174，175参照。

(4) 各施設に共通の基準です（P176の表3－1参照）。

【11】 解答 (2)

解説 (1) 安全を確認しても給油空地からはみ出してはいけません。

(3) 取扱い基準では，固定給油設備を用いて給油すること，となっているの
で，鋼製ドラム缶から手動ポンプを用いて給油することはできません。

(4) このような場合，当然，固定給油設備の使用は中止する必要があります。
問題文をわかりやすく言うと，「タンクローリーからガソリンスタンド
のタンクに危険物を注入中，そのタンクにつながっている固定給油設備を
使用して別の車に給油した」となります。

(5) 移動タンク貯蔵所であってもエンジンを停止させる必要があります。

【12】 解答 (4)

解説 通気管は，タンク内の圧力が高くならないようにするため，常に開放
しておく必要があります。

【13】 解答 (5)

解説 (1) 焼却によって廃棄することもできます(P191の3の表2①参照)。

(2) 「手動」ではなく，「自動」で表示する装置です（P177表3－3参照）。

(3) 給油取扱所の廃油タンクは10000ℓ以下ですが，専用タンクは「制限な
し」です（P184の**10**の③参照）。

(4) 設備や容器を修理する時は，残存している危険物を**完全**に**除去**してから
行います（安全な場所で行うことは正しい）。

【14】 解答 (2)

解説 危険物を移送する場合，指定数量未満のたとえわずかでも積んでいれ
ば移送の基準が適用され，危険物取扱者の同乗が必要になります。

【15】 解答 (2)

解説 ハロゲン化物消火設備は，「消火設備」で終わるので，第3種の消火

第4編

模擬テスト・解答

設備です。

【16】 解答 (3)

解説　水に砂糖などの不揮発性物質が溶けこむと，沸点は高くなります。

(5)　問題文は1カロリー（cal）についての説明で，1 cal＝4.186Jです。

〈類題〉

水の沸点は外気圧に関係なく常に100℃である。

⇒　気圧が高くなると，沸点も（100℃より）高くなります。　答　×

【17】 解答 (3)

解説　「10℃上昇するごとに2倍になる」から，10℃⇒20℃で**2倍**，20℃⇒30℃で，さらに2倍で**4倍**。30℃⇒40℃で4×2＝**8倍**，40℃⇒50℃で8×2＝**16倍**，50℃⇒60℃で16×2＝**32倍**になります。

【18】 解答 (5)

解説　食塩水の凍結温度は，**凝固点降下**により，通常の飲料水の0℃より**低**くなります。

(1)　誤り。**熱の対流**は，気体と液体のみに起こる現象で，**固体には起こりません**。

(2)　誤り。**熱伝導率**は，液体よりも固体の方が大きく，**銀**は，その固体のなかでも最も熱伝導率が大きい物質です。

(3)　誤り。**膨張率**については，水などの液体より空気などの気体の方がはるかに大きな値になっています。

(4)　誤り。水は，液体の中で最も**比熱の大きな物質**です。

【19】 解答 (2)

解説　銅から流れ出た熱量は，銅が失った熱量ということになります。

従って，**80℃**の銅が最後は**25℃**になっているので，

銅が失った熱量を Qc とすると，

$$Qc = mc \triangle t = 500 \times 0.4 \times (80 - 25)$$
$$= 200 \times 55 = 11000J = 1.1 \times 10^4 J　となります。$$

（この熱量により20℃の水が25℃の水になった）

【20】 解答 (2)

解説 (1)(5)絶縁とは電気を流れにくくすることで,電気が流れにくくなると, 発生した静電気が大地に逃げることができないので,不適切です。

なお,(1)は,「作業者は,絶縁性の高い手袋や靴を着用する。」と出題されても答は同じです。

(2) 加湿,散水などにより湿度を上げることで,静電気がその水分に移動するので,静電気の帯電を防ぐことができます。

(3) 速度を大きくすると,液体と配管の壁との摩擦が大きくなり,静電気が発生しやすくなります。

(4) 液体の圧力を高くしても(3)と同様の理由で静電気が発生しやすくなります。

【21】 解答 (2) A,C,Eが物理変化です。

解説 A 状態が液体から気体に変わっただけで,水の本質そのものは変わってないので**物理変化**です。

B 水素と酸素の混合気体に火花を飛ばすと水が生じます。これは元の物質である水素と酸素の性質が変わっているので,**化学変化**となります。

C 単に発熱しただけで,ニクロム線そのものは変わってないので**物理変化**。

D 元の物質の性質が変化して水素が発生したから**化学変化**です。

E 固体が液体になるのは**融解**であり,これも物質の本質が変わらず,状態が変わっただけなので**物理変化**です。なお,その他の**気化**,**凝縮**,**凝固**,**昇華**もすべて**物理変化**です(本文→P46)。

【22】 解答 (3)

解説 木炭C(炭素)が一酸化炭素COになった⇒ 酸素Oが増えている ⇒ **酸化反応**,となります。

【23】 解答 (5) (5つすべて誤り)

解説 A ガソリンやメタノールは**蒸発燃焼**です。

B 水素は気体であり,**拡散燃焼**です。

C 硫黄やナフタレンは,固体ではありますが,**蒸発燃焼**をします(「加熱により分解され,その際,発生する可燃性ガスが燃焼をする」は分解燃焼の説明としては正しい)。

D 最後の蒸発燃焼だけが間違いで,正しくは,「**内部燃焼**」です。

E 木炭やコークスは,金属粉と同様,表面だけが燃焼する**表面燃焼**です。

第4編

模擬テスト・解答

なお，似たものに石炭や木材がありますが，こちらは，加熱によって発生した可燃性ガスが燃焼する**分解燃焼**です。

【24】 解答 (5)

解説　燃焼範囲は，酸素の量ではなく<u>燃焼可能な**蒸気**と**空気**の混合割合</u>を容量%（vol%）で表したものです。

【25】 解答 (4)

解説　P77の表3より，油火災と電気火災のいずれにも○があるのは**霧状の強化液，ハロゲン化物，二酸化炭素，粉末**だけなので，(4)が正解となります。

〈危険物の性質，並びにその火災予防および消火の方法〉

【26】 解答 (4)

解説　保護液として二硫化炭素やメタノールを使用するものはありません。

【27】 解答 (4)

解説
(1) 第4類危険物は常温では**液体**です。
(2) 炎などの点火源があっても，引火点以下では燃えません。
(3) **二硫化炭素**は90℃です。
(5) 液温が高いほど発生する可燃性蒸気の量も多くなります。

【28】 解答 (1) （Bが誤り）

解説　高圧で短時間に行うと静電気が発生するおそれがあるので，低速にして，時間をかけて行います。

【29】 解答 (2) （A，E）

解説　ガソリンの火災に噴霧注水が不適切なのは，AとEなどの理由からであり，B，C，Dのようなことはありません。

【30】 解答 (3)

解説　引火点は，ジエチルエーテルが**−45℃**，二硫化炭素が**−30℃以下**です。
(1) ジエチルエーテルの発火点は160℃で，100℃以下ではありません。
(2) ジエチルエーテルは水より**軽い**（比重は0.71）ので誤りです。

(4)　蒸気に麻酔性があるのはジエチルエーテルだけです。

(5)　どちらもアルコールには溶けます。

【31】 解答 (4)

解説　タンク内に充満していたガソリン蒸気が灯油に吸収されて燃焼範囲内，すなわち，1.4〜7.6〔vol%〕の濃度になり，その際に灯油が流入すると，発生した静電気による放電火花で引火する危険性があります。

【32】 解答 (4)

解説　アルコールの場合，**水溶性液体用泡消火剤（耐アルコール泡）** を用いて消火します。((1)のアルコールの燃焼範囲は P290参照)

【33】 解答 (1)

解説　引火点は灯油が40℃以上，軽油が45℃以上なので，常温（20℃）より高くなっているので正しい。

(2)　灯油と軽油に限らず，第4類危険物の蒸気は空気より**重い**ので誤りです。

(3)　灯油と軽油の発火点は約220℃，ガソリンは300℃なので，ガソリンより低く，誤りです。

(4)　引火点以下であっても，霧状にすると引火の危険性が生じます。

(5)　ガソリンが混ざると溶け，**引火点が下がる**ので危険です。

【34】 解答 (1)

解説　約250〜380℃というのは**発火点**で，引火点の方は約**60〜150℃**です。
「通常の状態においては加熱しない限り引火の危険はない」というのは正しい内容です。

【35】 解答 (4)

解説　注水して濃度を低くすると，その蒸気圧は低くなるので，引火点は高くなります。

第4編

模擬テスト・解答

 **法令の重要ポイント** （注：法令のみですが重要ポイントをまとめてみました）

（1）　指定数量について

・指定数量以上⇒消防法の適用　　　・指定数量未満⇒**市町村条例**の適用

・運搬の場合は，指定数量以上，未満にかかわらず消防法が適用される。

（2）　製造所等の各種手続き（P.158）

変更しようとする日の**10日前**までに届け出るのは「危険物の品名，数量または指定数量の倍数を変更する時」のみ。それ以外は「**遅滞なく届け出る**」

（3）　仮貯蔵・仮取扱い（P.159）

⇒**消防長または消防署長の承認**を得て**10日以内**

（4）　仮使用（P.159）

⇒**市町村長等の承認**を得て変更工事以外の部分を仮に使用

（5）　保安講習の受講時期（P.168）

・「危険物取扱者の資格のある者」が「危険物の取扱作業に従事している」場合

・従事し始めた日から**1年以内**，その後は受講日以後における最初の**4月1日**から**3年以内**ごとに受講する。

・ただし，従事し始めた日から過去**2年以内**に**免状の交付**か講習を受けた者は，その交付や受講日以後における最初の4月1日から**3年以内**に受講する。

（6）　定期点検について（P.162）

①　定期点検を必ず実施する施設（移送取扱所は省略）

⇒　**地下タンクを有する施設と移動タンク貯蔵所**

②　定期点検を実施しなくてもよい施設

⇒　**屋内タンク貯蔵所，簡易タンク貯蔵所，販売取扱所**

（7）　保安距離が必要な施設

製造所，屋内貯蔵所，屋外貯蔵所，屋外タンク貯蔵所，一般取扱所

（8）　保有空地が必要な施設

保安距離が必要な施設＋簡易タンク貯蔵所（屋外設置）＋移送取扱所（地上設置）

（9）　貯蔵，取扱いの基準のポイント（P.189）

①　許可や届け出をした**数量**（又は指定数量の倍数）を超える危険物，または許可や届出をした**品名**以外の危険物を貯蔵または取扱わないこと。

②　貯留設備や油分離装置にたまった危険物はあふれないように**随時**くみ上げること。

③　危険物のくず，かす等は**1日に1回以上**，危険物の性質に応じ安全な場所，および方法で廃棄や適当な処置（焼却など）をすること。

④　危険物が残存している設備や機械器具，または容器などを修理する場合は，**安全な場所で危険物を完全に除去してから行うこと。**

⑤　移動貯蔵タンクでは，引火点が**40℃以上**の第4類のみ容器に詰め替えができ，引火点が**40℃未満**の危険物注入時はエンジンを停止する。

(10)　運搬と移送（P.192）

①　危険物取扱者の同乗は，**運搬**では**不要**，**移送**では**必要**

②　運搬の主な基準
・容器の収納口を**上方**に向け，積み重ねる場合は，**3m以下**とすること。
・固体の収納率は**95%以下**，液体の収納率は**98%以下**
・指定数量以上の危険物を運搬する場合は，車両の前後の見やすい位置に，「**危**」の標識を掲げ，危険物に適応した消火設備を設けること。

③　移送の主な基準
・移送する危険物を取り扱える危険物取扱者が乗車し，**免状を携帯する。**

(11)　消火設備（P.199）

①　消火設備の種類

第1種	屋内消火栓設備，屋外消火栓設備
第2種	スプリンクラー設備
第3種	固定式消火設備（「……消火設備」）
第4種	大型消火器
第5種	小型消火器（水バケツ，水槽，乾燥砂など）

②　主な基準
・地下タンク貯蔵所には**第5種**消火設備を**2個**以上，移動タンク貯蔵所には**自動車用消火器**を**2個**以上設置する。
・電気設備のある施設には**100㎡**ごとに1個以上設置する。
・消火設備からの防護対象物までの距離
　第4種消火設備 ⇒ 30m以下
　第5種消火設備 ⇒ 20m以下
・危険物は指定数量の**10倍**が1所要単位となる。

(12)　指定数量の**10倍以上**の製造所等には警報設備を設けるが，**移動タンク貯蔵所**には**不要**である。

・警報設備の種類：「①　自動火災報知設備　②　拡声装置　③　非常ベル装置　④　消防機関に報知できる電話　⑤　警鐘　」
（ゴロ合わせ⇒警報の字書く秘書K）

主な第4類危険物のデーター覧表

○：水に溶ける　△：少し溶ける　×：溶けない

品名	物品名	水溶性	アルコール	引火点℃	発火点℃	比重	沸点℃	燃焼範囲vol%	液体の色
特殊引火物	ジエチルエーテル	△	溶	−45	160	0.71	35	1.9〜36.0	無色
	二硫化炭素	×	溶	−30	90	1.30	46	1.3〜50.0	無色
	アセトアルデヒド	○	溶	−39	175	0.80	21	4.0〜60.0	無色
	酸化プロピレン	○	溶	−37	449	0.80	35	2.8〜37.0	無色
第一石油類	ガソリン	×	溶	−40以下	約300	0.65〜0.75	40〜220	1.4〜7.6	オレンジ色（純品は無色）
	ベンゼン	×	溶	−11	498	0.88	80	1.3〜7.1	無色
	トルエン	×	溶	4	480	0.87	111	1.2〜7.1	無色
	メチルエチルケトン	△	溶	−9	404	0.80	80	1.7〜11.4	無色
	酢酸エチル	△	溶	−4	426	0.9	77	2.0〜11.5	無色
	アセトン	○	溶	−20	465	0.80	57	2.15〜13.0	無色
	ピリジン	○	溶	20	482	0.98	115.5	1.8〜12.8	無色
アルコール類	メタノール	○	溶	11	385	0.80	64	6.0〜36.0	無色
	エタノール	○	溶	13	363	0.80	78	3.3〜19.0	無色
第二石油類	灯油	×	×	40以上	約220	0.80	145〜270	1.1〜6.0	無色,淡紫黄色
	軽油	×	×	45以上	約220	0.85	170〜370	1.0〜6.0	淡黄色,淡褐色
	キシレン	×	溶	33	463	0.88	144	1.0〜6.0	無色
	クロロベンゼン	×	溶	28	593	1.1	132	1.3〜9.6	無色
	酢酸	○	溶	39	463	1.05	118	4.0〜19.9	無色
第三石油類	重油	×	溶	60〜150	250〜380	0.9〜1.0	300		褐色,暗褐色
	クレオソート油	×	溶	74	336	1.1	200		暗緑色
	アニリン	△	溶	70	615	1.01	184.6	1.3〜11	無色,淡黄色
	ニトロベンゼン	×	溶	88	482	1.2	211	1.8〜40	淡黄色,暗黄色
	エチレングリコール	○	溶	111	398	1.1	198		無色
	グリセリン	○	溶	177	370	1.30	290		無色

消防法別表第1　(一部省略してあります)

種　別	性　質	品　名（カッコ内は過去出題例のある指定数量）
第1類	酸化性固体	1．塩素酸塩類 2．過塩素酸塩類 3．無機過酸化物 4．亜塩素酸塩類 5．臭素酸塩類 6．**硝酸塩類** 7．よう素酸塩類 8．過マンガン酸塩類 9．重クロム酸塩類　　など
第2類	可燃性固体	1．**硫化りん（100kg）** 2．**赤りん（100kg）** 3．**硫黄（100kg）** 4．**鉄粉（500kg）** 5．**金属粉** 6．**マグネシウム** 7．引火性固体（固形アルコール等）　　など
第3類	自然発火性物質及び禁水性物質	1．**カリウム（10kg）** 2．**ナトリウム（10kg）** 3．アルキルアルミニウム 4．アルキルリチウム 5．**黄リン（20kg）** 6．カルシウムまたはアルミニウムの炭化物　　など
第4類	引火性液体	1．**特殊引火物** 2．**第1石油類** 3．**アルコール類** 4．**第2石油類** 5．**第3石油類** 6．**第4石油類** 7．**動植物油類**
第5類	自己反応性物質	1．有機過酸化物 2．硝酸エステル類 3．ニトロ化合物 4．ニトロソ化合物　　など
第6類	酸化性液体	1．過塩素酸 2．**過酸化水素（300kg）** 3．**硝酸**　　（300kg）など

第4編

参考資料

索　引

索　引

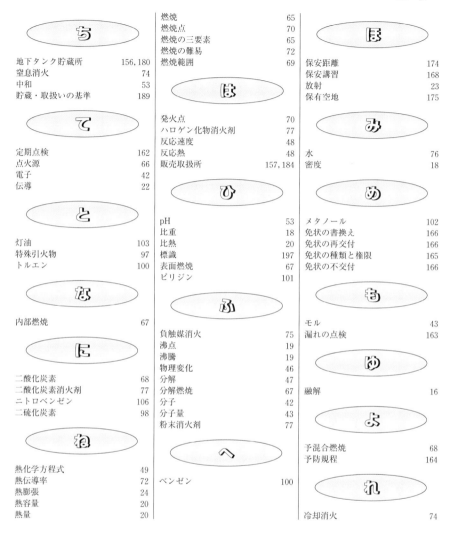

ご注意

（1）　本書の内容に関する問合せについては，明らかに内容に不備がある，と思われる部分のみに限らせていただいておりますので，よろしくお願いいたします。

　　　その際は，FAXまたは郵送，Eメールで「書名」「該当するページ」「返信先」を必ず明記の上，次の宛先までお送りください。

> 〒546-0012
> 大阪市東住吉区中野2丁目1番27号
> 　（株）弘文社編集部
> Eメール：henshu2@kobunsha.org
> FAX：06-6702-4732
>
> ※お電話での問合せにはお答えできませんので，あらかじめご了承ください。

（2）　試験内容・受験内容・ノウハウ・問題の解き方・その他の質問指導は行っておりません。

（3）　本書の内容に関して適用した結果の影響については，上項にかかわらず責任を負いかねる場合があります。

（4）　落丁・乱丁本はお取り替えいたします。

（5）　法改正・正誤などの情報は，当社ウェブサイトで公開しております。
　　　http://www.kobunsha.org/

読者の皆様方へ御協力のお願い

この本をご利用頂きまして，ありがとうございます。

今後も，小社では，この本をより良きものとするために頑張って参る所存でございます。つきましては，誠に恐縮ではございますが，「受験された試験問題」の内容（1問単位でも結構です）を編集部までご送付頂けますと幸いでございます。今後受験される受験生のためにも，何卒ご協力お願い申し上げます。

メール：henshu2@kobunsha.org

FAX　06-6702-4732

著者略歴　工藤政孝

学生時代より，専門知識を得る手段として資格の取得に努め，電気主任技術者としての業務に就き，その後，土地家屋調査士事務所にて登記業務に就いた後，平成15年に資格教育研究所「大望」を設立（その後名称を「KAZUNO」に変更）。わかりやすい教材の開発，資格指導に取り組んでいる。

【過去に取得した資格一覧】（主なもの）

甲種危険物取扱者，第二種電気主任技術者，第一種電気工事士，一級電気工事施工管理技士，一級ボイラー技士，ボイラー整備士，第一種冷凍機械責任者，甲種第4類消防設備士，乙種第6類消防設備士，乙種第7類消防設備士，建築物環境衛生管理技術者，二級管工事施工管理技士，下水道管理技術認定，宅地建物取引主任者，土地家屋調査士，測量士，調理師，第1種衛生管理者など多数。

【主な著書】

わかりやすい！第4類消防設備士試験（弘文社）
わかりやすい！第6類消防設備士試験（弘文社）
わかりやすい！第7類消防設備士試験（弘文社）
わかりやすい！丙種危険物取扱者試験（弘文社）
最速合格！乙種第4類危険物でるぞ〜問題集（弘文社）
直前対策！乙種第4類危険物20回テスト（弘文社）
本試験形式！乙種第4類危険物取扱者模擬テスト（弘文社）　　など

—わかりやすい！—
乙種第4類危険物取扱者試験

著　　　者	工　藤　政　孝
印刷・製本	亜細亜印刷株式会社

発　行　所	株式会社 弘文社	〒546-0012 大阪市東住吉区中野2丁目1番27号
		☎　　　(06)6797—7441
		FAX　(06)6702—4732
		振替口座 00940—2—43630
代　表　者	岡﨑　　靖	東住吉郵便局私書箱1号